21世纪普通高等院校系列规划教材

应用数学实务与数据分析

主　编○张现强　葛丽艳　黄化人

副主编○秦春艳　周　霞

西南财经大学出版社
Southwestern University of Finance & Economics Press

中国·成都

图书在版编目(CIP)数据

应用数学实务与数据分析/张现强主编 . —成都:西南财经大学出版社,
2018. 1(2020. 2 重印)
ISBN 978-7-5504-3368-7

Ⅰ. ①应⋯ Ⅱ. ①张⋯ Ⅲ. ①数据处理—应用数据—研究
Ⅳ. ①TP274

中国版本图书馆 CIP 数据核字(2018)第 005152 号

应用数学实务与数据分析

主编:张现强

责任编辑:杨婧颖
封面设计:何东琳设计工作室   张姗姗
责任印制:朱曼丽

出版发行	西南财经大学出版社(四川省成都市光华村街 55 号)
网 址	http://www. bookcj. com
电子邮件	bookcj@ foxmail. com
邮政编码	610074
电 话	028-87353785
照 排	四川胜翔数码印务设计有限公司
印 刷	四川五洲彩印有限责任公司
成品尺寸	185mm×260mm
印 张	12. 5
字 数	267 千字
版 次	2018 年 1 月第 1 版
印 次	2020 年 1 月第 3 次印刷
印 数	7201— 10400 册
书 号	ISBN 978-7-5504-3368-7
定 价	25. 00 元

前　言

在应用型本科教育的前提下，数学的教育是否还是概念、性质定理以及习题？对于学生的疑惑"学习数学有什么用？"迫切需要做出回答. 在此背景下，编者编写了本书. 本书主要为会计学、金融学以及工程专业的学生而作. 在学生已修完微积分以及概率统计的基础上结合上述专业课程建设的要求，设置了大量与本专业所学内容相关的例子. 回答了"数学如何应用"这一问题，让数学回归到实际应用.

本教材在内容编排上结合专业特点设置以下模块：利息与年金、矩阵、方程组、向量代数与空间解析几何、差分方程以及数据分析. 为了让读者更好掌握这五个模块的内容，编者对每个模块在内容处理上对于涉及的理论知识进行了梳理与归纳，并介绍了经典案例来辅助理解，最后布置了相应的习题予以巩固. 每个模块既相对独立又紧密联系，使用者可以根据教学需求进行选择与组合.

本书的编者都是长期工作在教学一线的专业教师，具有丰富的教学经验. 本书的编写如下：利息与年金、差分方程由葛丽艳撰写，矩阵、方程组以及向量代数与空间解析几何由张现强、周霞撰写，数据分析由黄化人、秦春艳撰写，全书由葛丽艳统稿，张现强定稿.

本书编写过程中参阅了不少优秀的教材以及文献资料，谨此向这些教材以及文献的作者以及出版单位致以诚挚的感谢！由于编者水平和时间所限，书中难免有疏漏之处，恳请各位同行以及读者不吝批评与指正.

编者

2017 年 12 月

目　录

第一章　　利息与年金

引言：300多年前，白人移民用<u>24美元的物品</u>，从印第安人手中买下了相当于现在曼哈顿面积大小的那块土地，现在这块地皮价值281亿美元，与本金差额整整有11亿倍之巨！如果把这24美元存进银行，以年息<u>8厘(8%的年息)</u>计算，今天的本息就是30万亿美元，可以买下1 067个曼哈顿；以6厘计算，现值为347亿美元，可以买下1. 23个曼哈顿.①

看到上面的数据是不是很惊讶？事实上，上面这一计算并不精确.因为没考虑通货膨胀的因素，300多年前1美元和现在的1美元购买力是不同的.

本章将介绍利息、年金等相关概念，要求掌握相应的计算方法，并能够进行简单的应用.

第一节　　计算利息的要素

利息也称"利金""子金"，是货币所有者因为发出货币资金而从借款者手中获得的报酬.在中国，利息通常是指借贷关系中借入方支付给贷出方的报酬.而在西方，一般认为利息是指投资人让渡资本使用权而索要的补偿.

如果你到银行存款，银行会支付一定数额的利息给你.同样，当你从银行贷款，你需要支付贷款利息给银行.利息是利润的一部分，是利润在借款者与贷款者之间的分割. 对于一家企业或者公司，在商务活动中，需要通过各种方式向金融机构筹资，要想降低使用资金的成本，就必须研究利息的计算方法.

一、本金

本金俗称"母金"，是贷款、存款或投资在计算利息之前的原始金额.

二、存期与计息期

存期是指存款在银行或其他金融机构存储的时间，若是贷款，就是指贷款期限.而计息期是指贷款合同规定的相邻两次计算利息的间隔时间.如一年计息一次，每季

---

① 摘自1993年2月8日的《上海金融报》.

计息一次,每月计息一次等.

例如,某企业向财务公司贷款 1 000 000 元,3 年后归还.双方商定年利率 12%.每半年计息一次.那么,该笔贷款的贷款期限是 3 年,计息期为半年.

三、利率

利率是指在一定时期内,利息与本金的比率,即:利率 $= \dfrac{利息}{本金}$.

例如,年初贷款 1 000 元,到年底还款 1 100 元.这笔贷款的本金为 1 000 元,利息为 100 元,则利率为 10%.

(1) 利率的种类

根据计算方法的不同,分为单利和复利.

单利是指在借贷期限内,只在原来的本金上计算利息,对本金所产生的利息不再另外计算利息.**复利**是指在借贷期限内,除了在原来本金上计算利息外,还要把本金所产生的利息重新计入本金、重复计算利息,俗称"利滚利".

根据与通货膨胀的关系,分为名义利率和实际利率.

名义利率是指没有剔除通货膨胀因素的利率,也就是借款合同或单据上标明的利率.**实际利率**是指已经剔除通货膨胀因素后的利率.

根据确定方式的不同,分为法定利率和市场利率.

法定利率是指由政府金融管理部门或者中央银行确定的利率.**市场利率**是指根据市场资金借贷关系紧张程度所确定的利率.

根据国家政策意向的不同,分为一般利率和优惠利率.

一般利率是指不享受任何优惠条件下的利率.**优惠利率**是指对某些部门、行业、个人所制定的利率优惠政策.

根据银行业务要求的不同,分为存款利率和贷款利率.

存款利率是指在金融机构存款所获得的利息与本金的比率.**贷款利率**是指从金融机构贷款所支付的利息与本金的比率.

根据与市场利率的供求关系,分为固定利率和浮动利率.

固定利率是在借贷期内不作调整的利率.使用固定利率便于借贷双方进行收益和成本的计算,但同时,不适用于在借贷期间利率会发生较大变动的情况,利率的变化会导致借贷的其中一方产生重大损失.**浮动利率**是在借贷期内随市场利率变动而调整的利率.使用浮动利率可以规避利率变动造成的风险,但同时,不利于借贷双方预估收益和成本.

根据利率之间的变动关系,分为基准利率和套算利率.

基准利率是在多种利率并存的条件下起决定作用的利率,我国是中国人民银行对商业银行贷款的利率.**套算利率**是指在基准利率确定后,各金融机构根据基准利率和借贷款项的特点而换算出的利率.

（2）年利率与计息期利率

年利率是指存款或贷款一年所付利息与存款本金或贷款本金的比率.

计息期利率是指一个计息期内的利率.

二者的关系是:计息期利率 = $\dfrac{年利率}{一年内的计息次数}$.

例如,某笔贷款的年利率为12%,合同规定每个季度计息一次,那么计息期利率是季利率.一年有4个季度,计息4次,所以计息期利率即:季利息 = $\dfrac{12\%}{4}$ = 3%.

又若该笔贷款合同规定每月计息一次,则计息期利率是月利率.一年为12个月,计息12次,所以计息期利率即:月利率 = $\dfrac{12\%}{12}$ = 1%.

第二节　利息的度量

一、单利

1. 单利

定义 1.1　单利是指按照固定的本金计算的利息,是一种最简单的计息方法.

例 1　张三投资10 000元购买3年期的企业债券,该债券年利率为10%,按单利计算,3年后可获得利息多少元?

解　投资期3年,每年计息一次,获得的利息如表1 - 1所示:

表 1 - 1　　　　　　　　　　　　　单利计算表　　　　　　　　　　　　单位:元

时间	本金	年利率	利息
第一年	10 000	10%	1 000
第二年	10 000	10%	1 000
第三年	10 000	10%	1 000

通过表1 - 1可以知道3年后共获得利息3 000元,本息和共计13 000元.

计算方法

一般地,单利计算公式为

$$I = P \times i \times n \qquad\qquad (1 - 1)$$

其中,P 为初始本金,又称期初金额;i 为计息期利率,通常指年利率;n 为计息期期数,一般以年为单位.

如例1中,本金 P = 10 000元,年利率 i = 10%,期数 n = 3,利息总额为

I = 10 000 × 10% × 3 = 3 000(元).

例 2　ABC公司有一张带息期票,面额为1 500元,票面利率8%,出票日期6月

15 日,8 月 14 日到期(共 60 天),试计算到期时应支付的利息.

解　该带息期票本金 $P = 1\,500$ 元,计息期利率即票面利率 $i = 8\%$,计息期期数 $n = \dfrac{60}{360}$(一年以 360 天计),则到期时利息为

$$I = P \times i \times n = 1\,500 \times 8\% \times \frac{60}{360} = 20(元)$$

即到期时应支付的利息为 20 元.

在计算利息时,除非特别指明,给出的利率是指年利率.对于不足一年的利息,通常以一年等于 360 天来折算.

2. 单利的终值

定义 1.2　单利终值是指现在的一定资金在将来某一时点按照单利方式下计算的本金与利息之和,记为 F.即 $F = P + I$,在单利计息前提下,由公式 1 − 1 有

$$F = P + P \times i \times n = P \times (1 + i \times n) \tag{1 − 2}$$

其中 $1 + i \times n$ 为单利终值系数.

例 3　接例 2,ABC 公司有一张带息期票,面额为 1 500 元,票面利率 8%,出票日期 6 月 15 日,8 月 14 日到期(共 60 天),按单利计算,问该票据到期的终值为多少元?

解　$F = P \times (1 + i \times n) = 1\,500 \times (1 + 8\% \times \dfrac{60}{360}) = 1\,520(元)$.

即该票据到期的终值为 1 520 元.

例 4　张三用 5 000 元购买投资债券,3 年后得到本息总额 6 650 元,按单利计算,试求该债券的年利率.

解　终值 $F = 6\,650$ 元,本金 $P = 5\,000$ 元,计息期数 $n = 3$.

由 $F = P \times (1 + i \times n)$ 可以知道

$$i = \frac{F - P}{n \times P} = \frac{6\,650 - 5\,000}{3 \times 5\,000} = 0.11.$$

即该债券的年利率为 11%.

3. 单利的现值

当银行存款的年利率为 10% 时,存入银行 1 000 元,1 年后可以从银行获得 1 100 元.反过来考虑,一年后如果期望从银行取得的 1 000 元,现在应该存入银行多少钱? 上面涉及的问题就是资金的现值问题.

定义 1.3　现值是指资金折算至基准年的数值,也称折现值.它是对未来现金流量以恰当的折现率进行折现后的价值.通俗地说现值是如今和将来(或过去)的一笔支付或支付流在当今的价值,记为 P.在单利计息的前提下,由公式 1 − 1 及 1 − 2 有

$$P = \frac{I}{i \times n} = \frac{F}{1 + i \times n} \tag{1 − 3}$$

其中 $\dfrac{1}{1 + n \times i}$ 为单利现值系数.

例5 A家长计划存一笔钱,3年后用于子女的大学费用.已知存款的年利率是5%,按单利计息.若3年后所需费用为60 000元,问现在应存多少钱?

解 该问题实质上是计算3年后60 000元的现值.已知$F = 60\ 000$元,$i = 5\%$,$n = 3$,因此

$$P = \frac{F}{1 + i \times n} = \frac{60\ 000}{1 + 5\% \times 3} = 52\ 173.913(元).$$

即现在应存52 174元.

例6 已知年利率为5%,按单利计算,想要把8 000元变为10 000元,需要存款多少年?

解 $F = 10\ 000$元,$P = 8\ 000$元,$i = 5\%$.

由$F = P \times (1 + i \times n)$有

$$n = \frac{F - P}{i \times P} = \frac{10\ 000 - 8\ 000}{5\% \times 8\ 000} = 5(年)$$

即若要把8 000元变为10 000元,需要存款存5年.

二、复利

1. 复利

定义1.4 复利是指在每经过一个计息期后,都要将所产生利息加入本金,以计算下期的利息.这样,在每一个计息期,上一个计息期的利息都将成为生息的本金,即以利生利,也就是俗称的"利滚利".

例7 张三投资10 000元购买3年期的企业债券.该债券年利率为10%.每年计息一次,按复利计算,3年后可获得利息多少元?

解 投资3年,每年计息一次,获得利息如表1-2所示:

表1-2　　　　　　　　　　　复利计算表　　　　　　　　　　　单位:元

时间	期初本金	利率	利息	期末本息和
第一年	10 000	10%	1 000	11 000
第二年	11 000	10%	1 100	12 100
第三年	12 100	10%	1 210	13 310

通过表1-2可以知道3年后共获得利息3 310元,本息和共计13 310元.

与例1的单息相比,多获得310元利息.由此可见,相同本金在相同利率、相同期限的前提下,按复利计算的利息比按单利计算的利息要多.

2. 复利的终值与现值

定义1.5 复利终值是指现在的一定资金在将来某一时点按照复利方式下计算的本金与利息之和,记为F.即$F = P + I$.

一般地,当本金为P,计息期利率为i,计息次数为n,在复利计息前提下,各期的

利息及期末本息和如表 1 – 3 所示：

表 1 – 3　　　　　　　　　　复利终值计算公式推导表

时间	期初本金	利率	利息	期末本利和
第 1 期	P	i	pi	$p(1+i)$
第 2 期	$p(1+i)$	i	$p(1+i)i$	$p(1+i)^2$
第 3 期	$p(1+i)^2$	i	$p(1+i)^2i$	$p(1+i)^3$
⋮	⋮	⋮	⋮	⋮
第 n 期	$p(1+i)^{n-1}$	i	$p(1+i)^{n-1}i$	$p(1+i)^n$

第 n 期末的本息和为：

$$F = P(1+i)^n \tag{1-4}$$

其中：n 是整个存期内的计息次数，$n = $ 存储年限 × 每年的计息次数；i 为计息期利率，$i = \dfrac{年利率}{每年的计息次数}$；F 为到期本金与利息的总额，即本息和，也称为复利的终值（或将来值）.$(1+i)^n$ 为复利的终值系数，通常记为 $(F/P,i,n)$.

与复利终值 F 相对应的初始本金也称为该终值的**复利现值**.即计算复利的情况下，要达到未来某一特定的资金金额，现在必须投入的本金.由公式 1 – 4 可知

$$P = \frac{F}{(1+i)^n} \tag{1-5}$$

其中：$(1+i)^{-n}$ 被称为复利现值系数，记为 $(P/F,i,n)$.

例 8　张三用 10 000 元投资一项为期 5 年的项目，年利率为 10%，试求：

（1）按一年复利一次，到第 5 年末的终值是多少元？

（2）按一月复利一次，到第 5 年末的终值是多少元？

（3）按两周复利一次，到第 5 年末的终值是多少元？

解　（1）本金 $P = 10\ 000$ 元，一年复利一次，$n = 5$，计息期利率（即年利率）$i = 10\%$.

所以第 5 年末的终值：$F = P(1+i)^n = 1\ 000 \times (1+10\%)^5 = 16\ 105.1$（元）.

（2）一个月复利一次，计息次数 $n = 12 \times 5 = 60$，年利率 10%，计息期利率（月利率）$i = \dfrac{10\%}{12}$.

所以第 5 年末的终值 $F = P(1+i)^n = 10\ 000 \times \left(1 + \dfrac{10\%}{12}\right)^{60} = 16\ 453.1$（元）.

（3）每 2 周复利一次，计息次数 $n = 26 \times 5 = 130$，年利率 10%，计息期利率（两周利率）$i = \dfrac{10\%}{26}$.

所以第 5 年末的终值：$F = P(1+i)^n = 10\ 000 \times \left(1 + \dfrac{10\%}{26}\right)^{130} = 16\ 471.4$（元）.

从上例可以看出,按复利计息方式计息时,在本金、年利率、投资期限相同的条件下,计息期越短,计息次数就越多,终值也就越大.

例9 张三计划 30 年之后要筹措到 300 万元的养老金,假定平均的年回报率是 10%,计算现在张三需要准备的本金.

解 本题实际上是计算资金现值的问题.终值 $F = 300$ 万元,计息次数 $n = 30$,年利率 $i = 10\%$.

$$P = \frac{F}{(1 + i)^n} = \frac{300}{(1 + 10\%)^{30}} = 17.192\,6(万元).$$

可知张三若想在 30 年后筹措到 300 万的养老金,在年回报率为 10% 的情形下,现在需要准备 17.192 6 万元的本金.

例10 假定银行的年利率为 7%,分别按照单利和复利的方式计算,各需多少年才能使终值超过本金的 2 倍?

解 (1)按单利计算,设本金为 P,n 年后的终值为 F,若 n 年后终值超过本金的 2 倍,即有

$$F \geq 2P$$

由公式(1 - 2)得 $\quad\quad P(1 + i \times n) \geq 2p$

将 $i = 7\%$ 代入上式得 $\quad\quad 1 + 0.07n \geq 2$

得 $\quad\quad\quad\quad\quad\quad\quad\quad n \geq 14.3$

年数按整数计算,可知 15 年后初始本金可翻一番.

(2)按复利计算,若 n 年后的终值 F 超过本金 P 的两倍,

由公式(1 - 4)得 $\quad\quad P(1 + i)^n \geq 2P$

将 $i = 7\%$ 代入上式得 $\quad\quad (1 + 0.07)^n \geq 2$

则 $\quad\quad\quad\quad\quad\quad\quad n \geq \log_{1.07} 2 \approx 10.2$

由此可知,11 年后本金可以翻一番.

三、实际年利率

从例 8 的计算结果可以看出,在年利率固定的情况下,按复利计息,如果缩短计息期,一年中多次计息,就会增加利息,使终值增大,从而使实际年利率高于固定的年利率,我们来看下面的例子.

例11 A 企业急需 100 万元流动资金,B 信贷公司可提供这笔贷款.贷款年利率为 15%,但必须每周复利计息一次.计算一年后该企业实际支付的年利率.

解 本金 $P = 100$ 万元,每周复利一次,一年有 52 周,计息次数 $n = 52$,年利率为 15%,周利率 $i = \dfrac{15\%}{52}$,一年后需要还款

$$F = P(1 + i)^n = 100 \times \left(1 + \frac{15\%}{52}\right)^{52} \approx 116.158\,3(万元),$$

所支付的利息

$$I = F - P = 16.158\ 3(万元).$$

该笔贷款的实际年利率

$$i_实 = \frac{16.158\ 3}{100} = 16.158\ 3\%,$$

可以知道相比于名义利率15%高1.158 3个百分点.

四、贴现

引例 假设A银行存款的复利年利率为7%,我们存入100元,一年后可得107元.从相反的角度考虑,一年后的107元,现在的价值是100元.假定复利利率不变,5年后的100元现在的价值P是多少呢?这实际上是已知终值求现值的问题,解决这一问题的方法为贴现,如表1-4所示。

表1-4 贴现引例计算表

现值	利率	5年后的终值
P	7%	100

由公式(1-4)有

$$100 = P(1 + 7\%)^5$$

进而

$$P = \frac{100}{(1 + 7\%)^5} \approx 71.3(元)$$

即5年后的100元,现在的价值是71.3元.

定义1.6 贴现是指票据的持票人在票据到期日前,为了取得资金,贴付一定利息将票据权利转让给银行的票据行为,是持票人向银行融通资金的一种方式.

定义1.7 贴现率是指将未来支付改变为现值所使用的利率,或指持票人以没有到期的票据向银行要求兑现,银行将利息先行扣除所使用的利率.如无特别说明,后面我们所指的贴现都为复利贴现.

贴现值计算公式为:

$$P = \frac{F}{(1 + d)^n} \qquad (1-6)$$

其中F表示第n年后到期的票据金额,d表示贴现率,P表示进行票据转让时银行现在付给的贴现金额.

贴现是银行的一项资产业务,票据的支付人对银行负责,银行实际上与付款人之间有一种间接的贷款关系.

贴现率是市场价格,由双方协商确定,但最高不能超过现行的贷款利率.值得注意的是,这里所说的票据与存款的存单是不同的.票据到期只领取票面金额,没有利息,而存单到期除领取存款外,还要领取相应的利息.

例12　张三手中持有三张票据,其中一年后到期的票据金额是500元,两年后到期的金额是800元,五年后到期的金额是2 000元,已知银行的贴现率为6%.现将三张票据向银行作一次性的转让,银行的贴现金额是多少?

解　由公式(1 - 6),贴现金额为

$$P = \frac{F_1}{1 + d} + \frac{F_2}{(1 + d)^2} + \frac{F_3}{(1 + d)^5}$$

$$= \frac{500}{1 + 0.06} + \frac{800}{(1 + 0.06)^2} + \frac{2\,000}{(1 + 0.06)^5}$$

$$\approx 2\,678.21(元).$$

即银行的贴现金额为2 678.21元.

第三节　年金

一、年金的概念

1. 年金的定义

定义1.7　年金是指每隔一定相等的时期,收到或付出的相同数量的款项.

现实生活中,年金运用广泛.支付房屋的租金、商品的分期付款、分期偿还贷款、发放养老金、按平均年限法提取的折旧都属于年金收付形式.

2. 年金的种类

年金按其每次收付款项发生的时点不同,可以分为普通年金、即付年金、递延年金、永续年金等类型.

(1) 普通年金

普通年金是指从第一期起,在一定时期内每期期末等额收付的系列款项,又称为后付年金.例如采用直线法计提的单项固定资产的折旧(折旧总额会随着固定资产数量的变化而变化,不是年金,但就单项固定资产而言,其使用期内按直线法计提的折旧额是一定的)、一定期间的租金(租金不变期间)、每年员工的社会保险金(按月计算,每年7月1日到次年6月30日不变)、一定期间的贷款利息(银行存贷款利率不变且存贷金额不变期间,如贷款金额在银行贷款利率不变期间有变化可以视为多笔年金)等.

(2) 预付年金

预付年金是指从第一期起,在一定时期内每期期初等额收付的系列款项,又称先付年金、即付本金或期初年金.

预付年金与普通年金的区别仅在于付款时间的不同,普通年金发生在期末,而预付年金发生在期初.

（3）递延年金

递延年金是指第一次收付款发生时间与第一期无关,而是隔若干期(m)后才开始发生的系列等额收付款项,又称为延期年金.它是普通年金的特殊形式.递延年金终值等于普通年金终值.一般在金融理财和社保回馈方面会产生递延年金.

（4）永续年金

永续年金是指无限期等额收付的特种年金.它是普通年金的特殊形式,即期限趋于无穷的普通年金.最典型的就是诺贝尔奖奖金.

二、年金的计算

1. 普通年金

普通年金是指从第一期起,在一定时期内每期期末等额收付的系列款项,又称为后付年金.

（1）普通年金的终值

引例 如果你每月末存 100 元,年利率 12%,按复利计算,到第 4 个月末你的账户里有多少钱呢?

分析:年利率 12%,则月利率为 1%,按复利计算,每个月末存的 100 元,利用公式（1-4）可以知道到第 4 月末的本利和如图 1-1 所示:

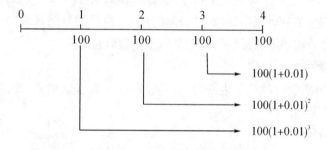

图 1-1 引例计算过程图

由图 1-1 可以知道到第 4 个月末的账户的资金总额为:

$$F = 100 + 100(1 + 0.01) + 100 (1 + 0.01)^2 + 100 (1 + 0.01)^3$$

$$= 100[1 + (1 + 0.01) + (1 + 0.01)^2 + (1 + 0.01)^3]$$

$$= 100 \times \frac{(1 + 0.01)^4 - 1}{0.01}$$

$$= 406.04 \text{ 元}$$

此例中讨论的是月利率为 1%,每月末存 100 元,到第 4 个月末账户中将有 406.04 元.将上述过程推广到一般就得到普通年金终值的相关知识.

定义 1.9 普通年金终值是指一定时期内每期期末等额收付款项的复利终值之和. 也就是将每一期的金额,按复利换算到最后一期期末的终值,然后加总,就是该年金终值.记为 F.

引例中,将 4 个月月末的 100 元年金本利和汇总,得到的 406.04 元,就是该普通年金到第 4 个月月末的终值.

一般地,若普通年金为 A,每期的利率为 i,第 n 期末该普通年金的终值为 F,由公式(1-4)可以知道普通年金终值的计算过程如图 1-2 所示:

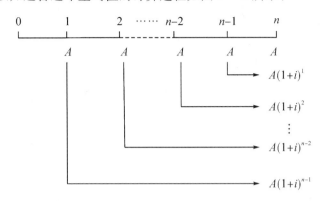

图 1-2　普通年金终值计算过程图

则 F 的计算公式为:

$$F = A + A(1 + i) + A(1 + i)^2 + \cdots + A(1 + i)^{n-2} + A(1 + i)^{n-1}$$

利用等比数列求前 n 项和公式化简,得到

$$F = A \times \frac{(1 + i)^n - 1}{i} \tag{1 - 7}$$

例 1　每年年底存入资金 5 000 元,年利率 8%,问 3 年后账户里有多少资金.

解　已知 $A = 5\ 000$ 元,$i = 8\%$,$n = 3$.

所以 $F = 5\ 000 \times \dfrac{(1 + 8\%)^3 - 1}{8\%} = 16\ 230.00$(元).

即 3 年后,账户里面共有资金 16 230 元.

公式(1-7)中的因式 $\dfrac{(1 + i)^n - 1}{i}$ 称为普通年金终值系数,记为 $(F/A, i, n)$.经济解释是当每期利率为 i 时,现在的 1 元钱到第 n 期期末的价值为 $(F/A, i, n)$.为解决计算的繁复,我们按 i 和 n 的不同取值,构造普通年金终值系数表,使用时由 n 和 i 的取值从表中查出 $(F/A, i, n)$ 的值,与年金 P 相乘,即得年金终值.

$$F = A \cdot (F/A, i, n) \tag{1 - 8}$$

例 2　每年年底存入资金 1 000 元,年利率 8%,求 5 年后账户里有多少资金?

解　已知 $A = 1\ 000$ 元,$i = 8\%$,$n = 5$. 查表得 $(F/A, 8\%, 5) = 5.867$

所以 $F = A \times (F/A, 8\%, 5) = 1\ 000 \times 5.867 = 5\ 867$(元).

即 5 年后账户的资金为 5 867 元.

例 3　张三为自己建立了一个养老基金账户,他决定每年年底存入 10 000 元,若银行利率为 6%,并保持不变,问 15 年后他的养老基金账户中有多少钱?

解　已知 $A = 10\ 000$ 元,$i = 6\%$,$n = 15$,查表得年金终值系数 $(F/A, 6\%, 15) = 23.276$.

所以 $F = A \cdot (F/A,6\%,15) = 10\,000 \times 23.276 = 232\,760$(元).

即 15 年后他的养老基金账户中有 232 760 元.

定义 1.10　偿债基金是指为了在约定的未来一定时点清偿某笔债务或积聚一定数额的资金而必须分次等额存入的准备金,也就是为使年金终值达到既定金额的年金数额.偿债基金的计算是根据年金的终值来计算年金,即已知终值求年金.

根据普通年金终值计算公式(1-7)与(1-8)得:

$$F = A \times \frac{(1+i)^n - 1}{i} = A \times (F/A,i,n)$$

可知:

$$A = F \times \frac{i}{(1+i)^n - 1} = \frac{F}{(F/A,i,n)} \qquad (1-9)$$

式(1-9)中的普通年金终值系数的倒数 $\dfrac{i}{(1+i)^n - 1}$,称为偿债基金系数,记作 $(A/F,i,n)$。由此可知偿债基金系数和普通年金终值系数互为倒数.

例 4　假设 A 公司拟在 3 年后还清 100 万元的债务,从现在起每年年末等额存入银行一笔款项.假设银行存款利率为 10%,每年需要存入多少元?

解　已知 $F = 100$ 万元,$i = 10\%$,$n = 3$,由公式(1-9)可知:

$$A = F \times \frac{i}{(1+i)^n - 1} = 100 \times \frac{0.1}{(1+0.1)^3 - 1} = 30.22 \text{(万元)}$$

或者

$$A = \frac{F}{(F/A,i,n)} = \frac{100}{(F/A,10\%,3)} = 30.22 \text{(万元)}$$

因此在银行利率为 10% 时,每年存入 30.22 万元,3 年后可得 100 万元,用来还清债务.也就是说由于有利息因素,不必每年存入 33.33 万元,只要存入较少的金额,3 年后本利和即可达到 100 万元用以清偿债务.

(2) 普通年金的现值

引例　张三计划在今后的 4 年中,每年年底都能从银行支取 500 元,已知年利率为 10%,问现在应该一次性存入多少钱?

分析:年利率 10%,按复利计算,每年年底从银行支取 500 元,利用公式(1-5)可知现在应存入的钱数的计算过程如图 1-3 所示:

由图 1-3 可以知道张三现在应该一次性存入的资金为:

$$P = \frac{500}{1+0.1} + \frac{500}{(1+0.1)^2} + \frac{500}{(1+0.1)^3} + \frac{500}{(1+0.1)^4}$$

$$= 500 \times [(1+0.1)^{-1} + (1+0.1)^{-2} + (1+0.1)^{-3} + (1+0.1)^{-4}]$$

$$= 500 \times \frac{1 - (1+0.1)^{-4}}{0.1}$$

$$= 1\,584.933 \text{(元)}$$

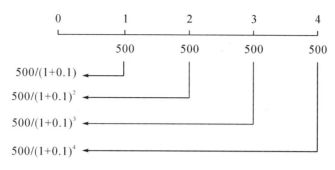

图 1 - 3　引例计算过程图

此例中讨论的是在年利率为 10%，支付期期数为 4 次的情况下，普通年金 500 元所对应的现在的价值为 1 584. 933 元.将上述过程推广到一般就得到普通年金现值的相关知识.

定义 1.11　普通年金现值是指在一定时期内按相同时间间隔在每期期末收付的相等金额折算到第一期初的现值之和.记为 P.

一般地，若普通年金为 A，每期的利率为 i，由公式（1 - 5）可以知道普通年金现值的计算过程如图 1 - 4 所示：

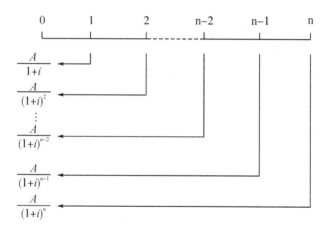

图 1 - 4　普通年金现值计算过程图

则 $P = \dfrac{A}{1 + i} + \dfrac{A}{(1 + i)^2} + \cdots\cdots + \dfrac{A}{(1 + i)^{n-2}} + \dfrac{A}{(1 + i)^{n-1}} + \dfrac{A}{(1 + i)^n}$

$= A[(1 + i)^{-1} + (1 + i)^{-2} + \cdots\cdots + (1 + r)^{-(n-2)} + (1 + r)^{-(n-1)} + (1 + r)^{-n}]$

利用等比数列求前 n 项和公式化简得到

$$P = A \times \frac{1 - (1 + i)^{-n}}{i} \qquad (1 - 10)$$

公式（1 - 10）就是普通年金现值的计算公式.公式中的因式 $\dfrac{1 - (1 + i)^{-n}}{i}$ 称为普通年金现值系数,记为 $(P/A, i, n)$.经济含义是，当每期利率为 i，第 n 期末的 1 元钱现在的价值.按 n 和 i 的不同取值，算出 $(P/A, i, n)$ 的值，构造出普通年金现值系数表，求普通年金现值时,由 n 和 i 的值从表中查出 $(P/A,i,n)$ 的值,与年金 A 相乘,即得年金现值.

$$P = A \cdot (P/A,i,n) \qquad (1-11)$$

例5 一位爱国华侨计划在今后10年内,每半年捐资20 000元扶助贫困学生.若银行的年利率为2%,问该华侨现在应该一次性存入银行多少钱?

解 已知 $A = 20\ 000$,$i = \dfrac{2\%}{2} = 1\%$,期数 $n = 20$,查普通年金现值系数表得 $(P/A,1\%,20) = 18.046$,

所以 $P = A \times (P/A,1\%,20) = 20\ 000 \times 18.046 = 360\ 920$(元).

即该华侨现在应存入 360 920 元.

例6 老张贷款买房,已知贷款年利率为12%,每月还款1 290.66元,贷款期限9年,试问老张的贷款金额是多少?

解 已知 $A = 1\ 290.66$ 元,$i = 1\%$,期数为 $n = 12 \times 9 = 108$,

则 $P = A \cdot \dfrac{1-(1+i)^{-n}}{i} = 1\ 290.66 \times \dfrac{1-(1+0.01)^{-108}}{0.01} = 85\ 000$(元).

即老张一次性贷款 85 000 元.

定义 1.12 年资本回收额是指在约定年限内等额收回初始投入资本或清偿所欠的债务,即根据年金现值计算的年金,亦即已知现值求年金.

根据普通年金现值计算公式(1-10)与(1-11):

$$P = A \times \dfrac{1-(1+i)^{-n}}{i} = A \cdot (P/A,i,n)$$

可知:

$$A = P \times \dfrac{i}{1-(1+i)^{-n}} = \dfrac{P}{(P/A,i,n)} \qquad (1-12)$$

公式(1-12)中普通年金现值系数的倒数 $\dfrac{i}{1-(1+i)^{-n}}$,称资本回收系数,记作 $(A/P,i,n)$,由此可知资本回收系数与年金现值系数互为倒数.

例7 假设 A 公司现在拟出资100万元投资某项目,项目投资回报率预计为10%,公司拟在3年内收回投资,请问每年至少要收回多少元?

解 已知 $P = 100$ 万元,$i = 10\%$,$n = 3$,

则 $A = P \times \dfrac{i}{1-(1+i)^{-n}} = 100 \times \dfrac{0.1}{1-(1+0.1)^{-3}} = 40.22$(万元)

也就是说投资回报率为10%时,每年至少要收回40.22万元,才能确保3年后收回初始投资额100万元.

2. 预付年金

预付年金是指从第一期起,在一定时期内每期期初等额收付的系列款项,又称先付年金、即付本金或期初年金.

预付年金与普通年金的区别仅在于付款时间的不同,普通年金发生在期末,而预付年金发生在期初.

（1）预付年金的终值

引例:如果你每月初存 100 元,年利率 12%,按复利计算,到第 4 个月末你的账户里有多少钱呢?

分析:年利率 12%,则月利率为 1%,按复利计算,每个月初存的 100 元,到第 4 月末的本利和如图 1 - 5 所示:

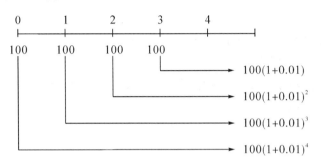

图 1 - 5　引例计算过程图

到第 4 个月末的账户的资金总额为:

$$F = 100(1 + 0.01) + 100(1 + 0.01)^2 + 100(1 + 0.01)^3 + 100(1 + 0.01)^4$$

$$= 100[1 + (1 + 0.01) + (1 + 0.01)^2 + (1 + 0.01)^3](1 + 0.01)$$

$$= 100 \times \frac{(1 + 0.01)^4 - 1}{0.01} \times (1 + 0.01)$$

$$= 410.1(元)$$

定义 1.13　预付年金终值是指在约定年限内等额收回初始投入资本或清偿所欠的债务,即根据年金现值计算的年金,亦即已知现值求年金.

通过普通年金终值的引例以及预付年金终值的引例可以看出,在实务中,我们可以在理解普通年金终值计算的基础上掌握预付年金终值的计算.具体方法如下:

利用同期普通年金的终值公式再乘以 $1 + i$ 计算,可以得到预付年金的终值计算公式:

$$F = A \cdot (F/A, i, n) \cdot (1 + i) \tag{1 - 13}$$

例 8　假如 A 公司有一基建项目,分五次投资,每年年初投资 1 000 万元,预计第五年末建成.该公司的投资款均向银行借款取得,利率为 8%.该项目的投资总额是多少?

解　已知 $A = 1\ 000$ 万元,$i = 8\%$,$n = 5$,查表得 $(F/A, 8\%, 5) = 5.867$ 得:

$$F = A \cdot (F/A, i, n) \cdot (1 + i)$$

$$= 1\ 000 \times (F/A, 8\%, 5) \times (1 + 8\%)$$

$$= 1\ 000 \times 5.866 \times (1 + 8\%)$$

$$= 6\ 336.36(万元)$$

即该项目的投资总额是 6 336.36 万元.

例9 某人计划在连续 10 年的时间里,每年年初存入银行 1 000 元,现时银行存款利率为 8%,问第 10 年年末他能一次取出本利和多少元?

解 已知 $A = 1\,000$ 元, $i = 8\%$, $n = 10$,查表得 $(F/A,8\%,10) = 14.487$,得:

$$F = A \cdot (F/A,i,n) \cdot (1+i)$$
$$= 1\,000 \times (F/A,8\%,10) \times (1 + 8\%)$$
$$= 1\,000 \times 14.487 \times (1 + 8\%)$$
$$= 15\,646(\text{元})$$

即第 10 年末他能一次取出本利和是 15 646 元.

(2) 预付年金的现值

引例:张三计划在今后的 4 年中,每年年初都能从银行支取 500 元,已知年利率为 10%,问现在应该一次性存入多少钱?

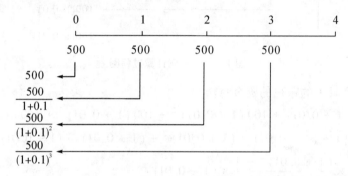

图 1 - 6 引例计算过程图 4

由普通年金的现值计算公式(1 - 10)可知,张三现在应该一次性存入的资金为:

$$P = 500 + \frac{500}{1 + 0.1} + \frac{500}{(1 + 0.1)^2} + \frac{500}{(1 + 0.1)^3}$$
$$= 500 \times [1 + (1 + 0.1)^{-1} + (1 + 0.1)^{-2} + (1 + 0.1)^{-3}]$$
$$= 500 \times \frac{1 - (1 + 0.1)^{-3}}{0.1}$$
$$= 1\,743.426(\text{元})$$

此例中讨论的是在年利率为 10%,支付期期数为 4 次的情况下,预付年金 500 元所对应的现在的价值为 1 743.426 元.将上述过程推广到一般就得到预付年金现值的相关知识.

定义 1.14 **预付年金现值**是指一定时期内每期期初收付款项的复利现值之和,记为 P.

通过普通年金现值的引例以及预付年金现值的引例可以看出,在实务中,我们可以在理解普通年金现值计算的基础上掌握预付年金现值的计算.具体方法如下:

利用同期普通年金的现值公式再乘以 $1 + i$ 计算,可以得到预付年金的现值计算公式为:

$$P = A \cdot (P/A, i, n) \cdot (1 + i) \qquad (1-14)$$

例 10　A 公司拟购买新设备,供应商有两套付款方案.方案一是采用分付款方式,每年年初付款 2 万元,分 10 年付清.方案二是一次性付款 15 万元.若公司的资金回报率为 6%,你将选择何种付款方式(假设有充裕的资金).

解　实际上,将方案一求出的预付年金现值 P 与方案二的 15 万元进行比较即可得出结果.

已知 $A = 20\,000, i = 6\%, n = 10$,查表得 $(P/A, 6\%, 10) = 7.360\,1$,因此

$P = A \cdot (P/A, i, n) \cdot (1 + i)$

$\quad = 20\,000 \times 7.360\,1 \times (1 + 6\%)$

$\quad = 156\,034(元)$

所以,应选择一次性付款.

3. 递延年金

递延年金是指第一次收付款发生时间与第一期无关,而是隔若干期(m)后才开始发生的系列等额收付款项,又称为延期年金.递延年金的支付形式如图 1-7 所示.

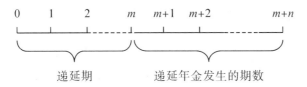

图 1-7　递延年金支付方式

其中第 1 期到第 m 期没有发生年金收付形式.我们一般用 m 表示递延期数,用 n 表示递延年金发生的期数,则总期数为 $m + n$.

(1)递延年金的终值

由于递延期 m 与终值无关,只需考虑递延年金发生的期数 n.递延年金终值等于普通年金终值.

因此递延年金终值计算公式如下:

$$F = A \cdot (F/A, i, n) \qquad (1-15)$$

例 11　假设 A 公司拟一次性投资开发某农庄,预计该农庄能存续 15 年,但是前 5 年不会产生净收益,从第 6 年开始,每年的年末产生净收益 5 万元.在考虑资金时间价值的因素下,若农庄的投资报酬率为 10%,该农庄给企业带来的累计收益为多少?

解　计算该农庄给企业带来的累计收益,实际上就是求递延年金终值.

已知 $A = 5$ 万元,$i = 10\%, m = 5, n = 10$,查表得普通年金终值系数 $(F/A, 10\%, 10)$ $= 15.937$,则:

$F = A \cdot (F/A, i, n) = 50\,000 \times 15.937 = 796\,850(元)$

所以该农庄给企业带来的累计收益为 796 850 元.

（2）递延年金的现值

定义 1.15　递延年金现值是指自若干时期后开始每期款项的现值之和,即后 n 期年金贴现至 m 期第一期期初的现值之和.

递延年金的现值与递延期数相关递延的期数越长,其现值越低.递延年金的现值计算有三种方法.

方法1:

把递延期以后的年金套用普通年金公式求现值,然后再向前折现.

即

$$P = A \cdot (P/A,i,n) \cdot (P/F,i,m) \qquad (1-16)$$

方法2:

把递延期每期期末都当作等额的年金收付 A,把递延期和以后各期看成一个普通年金,计算出这个普通年金的现值,再把递延期虚增的年金现值减掉即可.

即

$$P = A[(P/A,i,m+n) - (P/A,i,m)] \qquad (1-17)$$

方法3:先求递延年金终值,再折现为现值。

即

$$P = A \cdot (F/A,i,n) - (P/F,i,m+n) \qquad (1-18)$$

例12　假设 A 公司拟一次性投资开发某农庄,预计该农庄能存续15年,但是前5年不会产生净收益,从第6年开始,每年的年末产生净收益5万元.在考虑资金时间价值的因素下,若农庄的投资报酬率为10%,假设 A 公司决定投资开发该农庄,根据其收益情况,求该农庄的累计投资限额为多少?

解　该农庄的累计投资限额,实际上就是求递延年金的现值. 只有当未来的收益大于当前的投资额,企业才有投资的意愿.由于不同点上的资金不能直接比较,因此必须考虑资金时间价值,将未来的收益与当前的投资额进行对比.

已知 $A = 5$ 万元, $i = 10\%, m = 5, n = 10$,查表得 $(P/A,10\%,10) = 6.1446$, $(P/F,10\%,5) = 0.6209$ 则:

$P = 50\,000 \times (P/A,10\%,10) \times (P/F,10\%,5)$

$= 50\,000 \times 6.1446 \times 0.6209$

$= 190\,759.11(元)$

计算结果表明,该农庄的累计投资限额为 190 759.11 元.

3. 永续年金

永续年金是指无限期等额收付的年金. 永续年金的支付形式如图 1-8 所示.

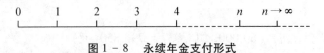

图1-8　永续年金支付形式

永续年金因为没有终止期,所以只有现值没有终值.永续年金的现值,可以通过普通年金的现值计算公式(1－10)导出.

由普通年金的现值公式

$$P = A \times \frac{1 - (1 + i)^{-n}}{i}$$

令 n 趋于无穷大,即可得出永续年金现值:

$$P = \frac{A}{i} \qquad\qquad (1 - 19)$$

例 13 A 公司想给 B 学校创立一个永久性的爱心基金,希望每年能从该基金中拿出 10 万元作为经济困难学生的生活补助.考虑到基金资金的安全性,基金管理人计划将基金用于购买近乎无风险的国债,用其产生的利息收入作为学生的补助.假设一年期的国债的平均利率为 3%.那么,该企业要向学校捐赠多少款项才能创建该爱心基金呢?

解 该企业应向学校捐赠的款项为:

$$P = 10 \div 3\% = 333.33(万元)$$

也就是说,该企业要向学校捐赠 333.33 万元,才能让该爱心基金存续下去,并能每年支付 10 万元用于学生补助支出.

例 14 某学校拟建立一项永久性的奖学金,每年计划颁 10 000 元奖金,若银行利率为 10%,学校现在应存入银行多少元?

解 $P = 10\,000 \times 1/10\% = 100\,000(元)$

即学校现在应存入银行 100 000 元.

习题一

1. 投资 1 500 元,按每年 8% 的单利,5 年后的本利和为多少元?

2. 如果一项每年获得 8% 单利的投资在 2 年后增长 1 740 元,问这项投资的初始本金为多少元?

3. 某人投资 5 000 元,4 年后获得利息 1 000 元,试求这项投资的年利率?

4. 按每年 10% 的复利利率投资 5 000 元,4 年后的终值是多少元?

5. 一项投资按复利计息,在 5 年内由 1 000 元增长到 1 462.54 元,问该投资的年利率是多少?

6. 如果在 4 年中,一项 2 000 元的投资增长到 2 844.20 元,那么该项投资半年的复利利率为多少?

7. 投资 5 000 元,年利率为 6%,按月复利计息,在 2 年后,这笔资金的终值是多少?

8. 某人每年年底存入 1 000 元,年利率是 7%,到第 5 年年底,他的账户里有多少钱?

9. 某人计划在5年后用100 000元购买一辆汽车,为此他从现在起每月底存入银行一笔钱,已知银行的年利率为3.6%,问他每月底必须存入多少钱?

10. 某人想在今后的5年里,每月底从银行取1 000元,银行年利率3.6%,那么他现在必须一次性存入银行多少钱?

11. 某公司准备购买一套生产线,经过与生产厂家磋商,有三个付款方案可供选择:

第一套方案:从现在起每半年末付款100万元,连续支付10年,共计2 000万元.

第二套方案:从第三年起,每年年初付款260万元,连续支付9年,共付2 340万元.

第三套方案:从现在起每年年初付款200万元,连续支付10年,共计2 000万元.

如果现在市场上的利率为10%,财务总监向你咨询应该采用哪套方案,请你回答。

12. 某人从2013年12月1日起,每年的12月1日存入银行2 000元,连续存10年,其中第三年年末多存入5 000元,第7年年初多存入8 000元.设银行的1年期存款利率为3%,每年按复利计息一次,问此人存入银行的存款现值总和为多少?

13. 假设你想自退休后(开始于30年后)每月取得3 000元收入,可将此收入看作一个第一次收款开始于31年后的永续年金,年报酬率为4%.为达到此目标,在今后的30年中,你每年应存入多少钱?

14. 李先生购置一处房产,打算采用两种付款方案:

(1) 从现在起,每年年初支付20万元,连续支付10次,共200万元;

(2) 从第五年起,每年年初支付22万元,连续支付10次,共220万元.

假设资金成本率为10%,问李先生应当选择哪个方案?

15. 某旅游酒店欲购买一套音响设备,供货商提供了四种付款方式

方式一:从现在起,每年年末支付1 000元,连续支付8年.

方式二:从现在起,每年年初支付900元,连续支付8年.

方式三:从第三年起,每年年末支付2 000元,连续支付5年.

方式四:现在一次性付款5 500元.

假设资金成本率为10%,请你帮酒店提出可行性建议。

第二章　矩阵

引言:某航空公司 A,B,C,D 的航线图,如图 $2-1$ 所示.

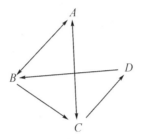

图 $2-1$　A,B,C,D 城市之间航线图

是否可以运用数表将上述的航线图表示出来? 用以反映四城市间交通连接情况.

在数学中,矩阵是一个按照长方阵列排列的复数或实数集合.最早来自方程组的系数及常数所构成的方阵.这一概念由 19 世纪英国数学家凯利首先提出.本章我们介绍矩阵的概念以及运算,在此基础上介绍矩阵的一些简单应用.

第一节　矩阵的有关概念

一、矩阵的概念

矩阵是数(或函数) 的矩形阵表.在工程技术、生产活动和日常生活中,我们常常用数表表示一些量或关系,如工厂中的产量统计表、市场上的价目表等.在给出矩阵定义之前先看几个例子.

例1　在物资调运中,某类物资有三个产地、四个销地,它的调运情况如表 $2-1$ 所示:

表 $2-1$

调运量　销地 产地	I	II	III	IV
A	0	3	4	7

表2-1(续)

调运量　　　销地 产地	I	II	III	IV
B	8	2	3	0
C	5	4	0	6

如果我用一个三行四列的数表表示该调运方案,可以简记为:

$$\begin{pmatrix} 0 & 3 & 4 & 7 \\ 8 & 2 & 3 & 0 \\ 5 & 4 & 0 & 6 \end{pmatrix}$$

其中每一行表示各产地调往四个销地的调运量,每一列表示三个产地调到该销地的调运量.

例2 对于线性方程组

$$\begin{cases} a_{11}x_1 + a_{12}x_2 + \cdots + a_{1n}x_n = b_1 \\ a_{21}x_1 + a_{22}x_2 + \cdots + a_{2n}x_n = b_2 \\ \vdots \\ a_{m1}x_1 + a_{m2}x_2 + \cdots + a_{mn}x_n = b_m \end{cases}$$

如果把它的系数 $a_{ij}(i=1,2,\cdots,m,j=1,2,\cdots,n)$ 和常数项 $b_i(i=1,2,\cdots,m)$ 按照原来的顺序写出,就可以得到 m 行 n 列的数表和一个 n 行一列的数表,

$$A = \begin{pmatrix} a_{11} & a_{12} & \cdots & a_{1n} \\ a_{11} & a_{12} & \cdots & a_{1n} \\ \vdots & \vdots & \ddots & \vdots \\ a_{m1} & a_{m2} & \cdots & a_{mn} \end{pmatrix}, b = \begin{pmatrix} b_1 \\ b_2 \\ \vdots \\ b_m \end{pmatrix}$$

由上面三个例子可以看到,对于不同的问题可以用不同的数表来表示,我们将这些数表统称为矩阵.

定义2.1 由 $m \times n$ 个数 $a_{ij}(i=1,2,\cdots,m,j=1,2,\cdots,n)$ 排成的一个 m 行 n 列数表,

$$\begin{pmatrix} a_{11} & a_{12} & \cdots & a_{1n} \\ a_{21} & a_{22} & \cdots & a_{2n} \\ \vdots & \vdots & \ddots & \vdots \\ a_{m1} & a_{m2} & \cdots & a_{mn} \end{pmatrix}$$

称为一个 m 行 n 列矩阵.

矩阵的含义是,这 $m \times n$ 个数排成一个矩形阵列,其中 a_{ij} 称为矩阵的第 i 行第 j 列元素 $(i=1,2,\cdots,m,j=1,2,\cdots,n)$,而 i 称为行标, j 称为列标,第 i 行与第 j 列的交叉位置记为 (i,j) .

通常用大写字母 A,B,C 等表示矩阵. 有时为了表明矩阵的行数 m 和列数 n ,也可

记为

$$A = (a_{ij})_{m \times n} \text{ 或} (a_{ij})_{m \times n} \text{ 或} A_{m \times n}$$

元素是实数的矩阵称为**实矩阵**,而元素是复数的矩阵称为**复矩阵**,本书中的矩阵除非有特殊说明外都指实矩阵.

特别地,当 $m = n$ 时,称 $A = (a_{ij})_{m \times n}$ 为 n **阶矩阵**或称为n **阶方阵**.

一个 n 阶方阵 A 中,从左上角到右下角的这条对角线称为 A 的**主对角线**,从右上角到左下角的这条对角线称为 A 的**次对角线**.

元素全为零的矩阵称为**零矩阵**,用 $O_{m \times n}$ 或 O 表示.

注:矩阵与行列式是有本质区别的.行列式是一个算式,一个数字行列式通过计算可求得其值,而矩阵仅仅是一个数表,它的行数和列数可以不同. 对于 n 阶方阵,虽然有时也要计算它的行列式(记作 $|A|$)但是方阵 A 和方阵的行列式 $|A|$ 是不同的概念.

二、特殊矩阵

本节最后,我们再给出几种常用的特殊方阵.

(1) 只有一行的矩阵 $A = (a_1, a_2, \cdots, a_n)$ 称为**行矩阵**或**行向量**.

(2) 只有一列的矩阵 $B = \begin{pmatrix} b_1 \\ b_2 \\ \vdots \\ b_n \end{pmatrix}$ 称为**列矩阵**或**列向量**.

(3) n 阶对角阵

形如

$$A = \begin{pmatrix} a_{11} & 0 & \cdots & 0 \\ 0 & a_{22} & \cdots & 0 \\ \vdots & \vdots & \ddots & \vdots \\ 0 & 0 & \cdots & a_{nn} \end{pmatrix}$$

或简写为

$$A = \begin{pmatrix} a_{11} & & & \\ & a_{22} & & \\ & & \ddots & \\ & & & a_{nn} \end{pmatrix}$$

的矩阵,称为**对角矩阵**,对角矩阵必须是方阵. 对角矩阵可也记为:

$$A = diag(a_{11}, a_{22}, \cdots a_{nn})$$

(4) 数量矩阵

当对角矩阵的主对角线上的元素都相同时,称它为**数量矩阵**. n 阶数量矩阵如下:

$$\begin{pmatrix} a & 0 & \cdots & 0 \\ 0 & a & \cdots & 0 \\ \vdots & \vdots & \ddots & \vdots \\ 0 & 0 & \cdots & a \end{pmatrix}_{nn} \quad 或 \quad \begin{pmatrix} a & & & \\ & a & & \\ & & \ddots & \\ & & & a \end{pmatrix}_n$$

特别的,当 $a = 1$ 时,称它为 n 阶单位矩阵,记为 E_n 或 I_n,即

$$E_n = \begin{pmatrix} 1 & 0 & \cdots & 0 \\ 0 & 1 & \cdots & 0 \\ \vdots & \vdots & \ddots & \vdots \\ 0 & 0 & \cdots & 1 \end{pmatrix} \quad 或 \quad E_n = \begin{pmatrix} 1 & & & \\ & 1 & & \\ & & \ddots & \\ & & & 1 \end{pmatrix}$$

在不致引起混淆时,也可用 E 或 I 表示单位矩阵.

(5) n 阶上三角阵与 n 阶下三角阵

形如 $\begin{pmatrix} a_{11} & a_{12} & \cdots & a_{1n} \\ 0 & a_{22} & \cdots & a_{2n} \\ \vdots & \vdots & \ddots & \vdots \\ 0 & 0 & \cdots & a_{nn} \end{pmatrix}$, $\begin{pmatrix} a_{11} & 0 & \cdots & 0 \\ a_{21} & a_{22} & \cdots & 0 \\ \vdots & \vdots & \ddots & \vdots \\ a_{n1} & a_{n2} & \cdots & a_{nn} \end{pmatrix}$

的矩阵分别称为上三角矩阵和下三角矩阵.

对角矩阵必须是方阵,一个方阵是对角矩阵当且仅当它既是上三角矩阵又是下三角矩阵.

第二节 矩阵的运算

一、矩阵的加法

定义 2.2 如果两个矩阵 $A = (a_{ij})_{m \times n}$ 和 $B = (b_{ij})_{m \times n}$ 的行数相同、列数相同,且对应位置元素都相等,则称矩阵 A 与矩阵 B 相等,记作 $A = B$.

即若 $A = (a_{ij})_{m \times n}$, $B = (b_{ij})_{m \times n}$,且 $a_{ij} = b_{ij}(i = 1, 2, \cdots m, j = 1, 2, \cdots, n)$,则 $A = B$.

定义 2.3 设矩阵

$$A = \begin{pmatrix} a_{11} & a_{12} & \cdots & a_{1n} \\ a_{21} & a_{22} & \cdots & a_{2n} \\ \vdots & \vdots & & \vdots \\ a_{m1} & a_{m2} & \cdots & a_{mn} \end{pmatrix}, \quad B = \begin{pmatrix} b_{11} & b_{12} & \cdots & b_{1n} \\ b_{21} & b_{22} & \cdots & b_{2n} \\ \vdots & \vdots & & \vdots \\ b_{m1} & b_{m2} & \cdots & b_{mn} \end{pmatrix}$$

则称矩阵

$$\begin{pmatrix} a_{11} + b_{11} & a_{12} + b_{12} & \cdots & a_{1n} + b_{1n} \\ a_{21} + b_{21} & a_{22} + b_{22} & \cdots & a_{2n} + b_{2n} \\ \vdots & \vdots & & \vdots \\ a_{m1} + b_{m1} & a_{m2} + b_{m2} & \cdots & a_{mn} + b_{mn} \end{pmatrix}$$

为 A 与 B 的和. 记作 $A + B$.

显然 $\qquad\qquad\qquad\qquad A_{mn} + O = A_{mn}$

把矩阵 $A = (a_{ij})$ 的所有元素都换成其相反数,得到的新矩阵 $(-a_{ij})_{mn}$ 称为 A 的负矩阵. 记作 $-A$.

A 与 B 之差用 $A - B$ 表示,规定

$$A - B = A + (-B) = (a_{ij})_{m \times n} + (-b_{ij})_{m \times n} = (a_{ij} - b_{ij})_{m \times n}$$

例 1 设矩阵

$$A = \begin{pmatrix} x & -1 \\ 0 & 1 \end{pmatrix}, \quad B = \begin{pmatrix} -1 & y \\ 2 & 0 \end{pmatrix}, \quad C = \begin{pmatrix} 1 & -1 \\ 2 & 1 \end{pmatrix}.$$

且 $A + B = C$,求 x, y.

解 由于 $A + B = C$,即

$$\begin{pmatrix} x - 1 & -1 + y \\ 2 & 1 \end{pmatrix} = \begin{pmatrix} 1 & -1 \\ 2 & 1 \end{pmatrix}$$

所以 $\quad x = 2, y = 0$.

设 A, B, C, O 都是 $m \times n$ 矩阵,不难验证矩阵的加法满足以下运算规则:

(1)加法交换律 $\quad A + B = B + A$

(2)加法结合律 $\quad A + (B + C) = (A + B) + C$

(3)零矩阵满足 $\quad A_{mn} + O = A_{mn}$

(4)存在负矩阵 $-A$,满足 $A + (-A) = O$

二、数与矩阵的乘法

定义 2.4 数 k 乘矩阵 $A = (a_{ij})_{mn}$ 中每一个元素,所得矩阵

$$\begin{pmatrix} ka_{11} & ka_{12} & \cdots & ka_{1n} \\ ka_{21} & ka_{22} & \cdots & ka_{2n} \\ \vdots & \vdots & & \vdots \\ ka_{m1} & ka_{m2} & \cdots & ka_{mn} \end{pmatrix}$$

称为数 k 与矩阵 A 的乘积,记作 kA.

例 2 设甲、乙两省与 3 个城市间的距离(单位:km)由矩阵 A 给出:

$$A = \begin{pmatrix} 120 & 175 & 80 \\ 80 & 120 & 40 \end{pmatrix}$$

已知某种货物的运费为 2 元 $/(t.km)$,那么 3 个城市间每吨货物的运费(元 $/t$)可如下计算并表示为:

$$\begin{pmatrix} 2\times120 & 2\times175 & 2\times80 \\ 2\times80 & 2\times130 & 2\times40 \end{pmatrix} = \begin{pmatrix} 240 & 350 & 160 \\ 160 & 260 & 80 \end{pmatrix}$$

用定义可以证明数与矩阵的乘法(简称数量乘法)有以下规律:

(1) 数与矩阵满足　$1\cdot A = A$

(2) 矩阵对数的分配律　$(k+l)A = kA + lA$

$$k(A+B) = kA + kB$$

(3) 数与矩阵的结合律　$k(lA) = (kl)A$

$$k(AB) = (kA)B = A(kB)$$

通常我们把矩阵的加法和数乘这两种运算统称为矩阵的线性运算.

例3　设矩阵

$$A = \begin{pmatrix} 1 & 0 & 1 & 2 \\ 2 & 3 & -1 & 2 \\ -1 & 2 & 1 & 3 \end{pmatrix}, \quad B = \begin{pmatrix} -2 & 1 & 0 & 1 \\ 1 & 1 & 1 & 1 \\ 3 & 0 & 2 & 1 \end{pmatrix}$$

求 $3A - 2B$.

解　由于

$$3A = \begin{pmatrix} 3 & 0 & 3 & 6 \\ 6 & 9 & -3 & 6 \\ -3 & 6 & 3 & 9 \end{pmatrix}, \quad 2B = \begin{pmatrix} -4 & 2 & 0 & 2 \\ 2 & 2 & 2 & 2 \\ 6 & 0 & 4 & 2 \end{pmatrix}$$

故

$$3A - 2B = \begin{pmatrix} 7 & -2 & 3 & 4 \\ 4 & 7 & -5 & 4 \\ -9 & 6 & -1 & 7 \end{pmatrix}$$

三、矩阵的乘法

某地区甲乙丙三家商场同时销售两种品牌的家用电器,如果用矩阵 A 表示各商家销售这两种家用电器的日平均销售量(单位:台),用 B 表示两种家用电器的单位售价(单位:千元)和利润(单位:千元),其中

$$A = \begin{pmatrix} 20 & 10 \\ 25 & 11 \\ 18 & 9 \end{pmatrix}, \quad B = \begin{pmatrix} 3.5 & 0.8 \\ 5 & 1.2 \end{pmatrix}$$

用矩阵 $C = (c_{ij})_{3\times2}$ 表示这三家商场销售两种家用电器的每日总收入和总利润,那么 C 中的元素分别为

总收入:$\begin{cases} c_{11} = 20\times3.5 + 10\times5 = 120 \\ c_{21} = 25\times3.5 + 11\times5 = 142.5 \\ c_{31} = 18\times3.5 + 9\times5 = 108 \end{cases}$

总利润:$\begin{cases} c_{12} = 20\times0.8 + 10\times1.2 = 28 \\ c_{22} = 25\times0.8 + 11\times1.2 = 33.2 \\ c_{32} = 18\times0.8 + 9\times1.2 = 25.2 \end{cases}$

即

$$C = \begin{pmatrix} c_{11} & c_{12} \\ c_{21} & c_{22} \\ c_{31} & c_{33} \end{pmatrix} = \begin{pmatrix} 20 \times 3.5 + 10 \times 5 & 20 \times 0.8 + 10 \times 1.2 \\ 25 \times 3.5 + 11 \times 5 & 25 \times 0.8 + 11 \times 1.2 \\ 18 \times 3.5 + 9 \times 5 & 18 \times 0.8 + 9 \times 1.2 \end{pmatrix}$$

$$= \begin{pmatrix} 120 & 28 \\ 142.5 & 33.2 \\ 108 & 25.2 \end{pmatrix}$$

其中,矩阵 C 的第 i 行和第 j 列的元素是矩阵 A 第 i 行元素与矩阵 B 的第 j 列对应元素的乘积之和.

下面给出矩阵乘法定义:

定义 2.5　设 $A = (a_{ij})$ 是 $m \times l$ 矩阵,$B = (b_{ij})$ 是 $l \times n$ 矩阵. A 乘 B 的积记作 AB,规定

$$AB = C = (c_{ij})$$

是 $m \times n$ 矩阵,其中

$$c_{ij} = a_{i1}b_{1j} + a_{i2}b_{2j} + \cdots + a_{il}b_{lj} = \sum_{k=1}^{l} a_{ik}b_{kj}$$

$$(i = 1, 2, \cdots, m; j = 1, 2, \cdots, n)$$

A 的第 i 行为 $(a_{i1}, a_{i2}, \cdots, a_{il})$,$B$ 的第 j 列为 $\begin{pmatrix} b_{1j} \\ b_{2j} \\ \vdots \\ b_{lj} \end{pmatrix}$,按矩阵乘法的定义,有

$$(a_{i1}, a_{i2}, \cdots, a_{il}) \begin{pmatrix} b_{1j} \\ b_{2j} \\ \vdots \\ b_{lj} \end{pmatrix} = a_{i1}b_{1j} + a_{i2}b_{2j} + \cdots + a_{i1}b_{1j} = c_{ij}$$

所以,乘积 AB 的 (i,j) 元等于 A 的第 i 行乘以 B 的第 j 列.

由定义可知,只有当前一个矩阵 A 的列数等于后一个矩阵 B 的行数时,两个矩阵才能相乘,此时也称矩阵 A 与 B 具有可乘性,乘积矩阵 C 的行数与 A 的行数一致,列数与 B 的列数相等.

例 4　求矩阵乘积 AB,设矩阵

$$A = \begin{pmatrix} 1 & 0 & 3 \\ 2 & 0 & 1 \end{pmatrix}, \quad B = \begin{pmatrix} 4 & 1 & 3 \\ -1 & 1 & 1 \\ 2 & 0 & 1 \end{pmatrix}$$

解 $AB = \begin{pmatrix} 1 & 0 & 3 \\ 2 & 0 & 1 \end{pmatrix} \begin{pmatrix} 4 & 1 & 3 \\ -1 & 1 & 1 \\ 2 & 0 & 1 \end{pmatrix}$

$= \begin{pmatrix} 1\times4+0\times(-1)+3\times2 & 1\times1+0\times1+3\times0 & 1\times3+0\times1+3\times1 \\ 2\times4+0\times(-1)+1\times2 & 2\times1+0\times1+1\times0 & 2\times3+0\times1+1\times1 \end{pmatrix}$

$= \begin{pmatrix} 10 & 1 & 6 \\ 10 & 2 & 7 \end{pmatrix}.$

注:由于矩阵 B 有 3 列,矩阵 A 有 2 行,B 的列数 $\neq A$ 的行数,所以 BA 无意义.

例5 设 $A = \begin{pmatrix} 2 & 4 \\ 1 & 2 \end{pmatrix}$, $B = \begin{pmatrix} 2 & -2 \\ -1 & 1 \end{pmatrix}$,求 AB 与 BA.

解 $AB = \begin{pmatrix} 2 & 4 \\ 1 & 2 \end{pmatrix}\begin{pmatrix} 2 & -2 \\ -1 & 1 \end{pmatrix} = \begin{pmatrix} 0 & 0 \\ 0 & 0 \end{pmatrix}$

$BA = \begin{pmatrix} 2 & -2 \\ -1 & 1 \end{pmatrix}\begin{pmatrix} 2 & 4 \\ 1 & 2 \end{pmatrix} = \begin{pmatrix} 2 & 4 \\ -1 & -2 \end{pmatrix}$

注:矩阵乘法的定义和例5表明,矩阵乘法与数的乘法有着不同的运算规律,不同处主要表现在下列四点:

(1) 两个矩阵不总可乘.按定义,只有当左边矩阵 A 的列数等于右边矩阵 B 的行数时,乘积 AB 才有意义. 当矩阵乘积 AB 有意义时,乘积 BA 不一定有意义.

(2) 矩阵乘法不满足交换率,即使乘积 AB 与乘积 BA 均有意义,也可能有

$$AB \neq BA$$

因此,矩阵乘法必须讲究次序. 当乘积 AB 与乘积 BA 均有意义时,AB 是 A 左乘 B (或 B 右乘 A)的乘积,BA 是 A 右乘 B (或 B 左乘 A)的乘积,两者不可混淆.

如果两个同阶方阵 A 与 B 满足 $AB = BA$,则称 A 与 B 乘法可交换.

n 阶数量矩阵与所有 n 阶矩阵可交换.反之,能够与所有 n 阶矩阵可交换的矩阵是 n 阶数量矩阵.

单位矩阵在矩阵乘法中将起着类似于数 1 在数的乘法中的作用.容易验证,在可以相乘的前提下,对任意矩阵 A 总有

$$EA = AE = A$$

(3) 由 $AB = O$ 不能得到 $A = O$ 或是 $B = O$;由 $A \neq O$ 且 $AB = O$ 不能得到 $B = O$ (由 $B \neq O$ 且 $AB = O$ 不能得 $A = O$)

(4) 消去律不成立. 即由 $AX = AY$ 且 $A \neq O$ 不能得到 $X = Y$,因为从 $A(X-Y) = O$ 与 $A \neq O$ 不能得到 $X - Y = O$.

矩阵的乘法具有下列运算规律(假设运算均有意义):

(1) 数乘结合律 $k(BC) = (kB)C = B(kC)$ (k 是数).

(2) 左乘分配律 $A(B+C) = AB + AC$,

右乘分配律 $(A+B)C = AC + BC$.

（3）乘法结合律　（AB）$C = A$（BC）.

运算规则请读者自己完成.

对于 m 个矩阵的乘法运算可得类似结论. 特别地, 当 A 是 n 阶方阵时, 我们规定:

$$A^m = \underbrace{AA\cdots A}_{m\text{个}}$$

称 A^m 为矩阵 A 的 m 次幂, 其中 m 是正整数.

当 $m = 0$ 时, 规定 $A^0 = E$. 显然有

$$A^k A^l = A^{k+1}, \quad (A^k)^l = A^{kl}$$

其中 k, l 是任意正整数. 由于矩阵乘法不满足交换律, 因此, 一般地

$$(AB)^k \neq A^k B^k$$

例6　计算 A^{11}, 设 $A = \begin{pmatrix} 1 \\ 2 \\ 3 \end{pmatrix} \cdot (1 \quad 2^{-1} \quad 3^{-1})$.

解

$$A^{11} = \begin{pmatrix} 1 \\ 2 \\ 3 \end{pmatrix} \left\{ (1 \quad 2^{-1} \quad 3^{-1}) \begin{pmatrix} 1 \\ 2 \\ 3 \end{pmatrix} \right\} \cdots \left\{ (1 \quad 2^{-1} \quad 3^{-1}) \begin{pmatrix} 1 \\ 2 \\ 3 \end{pmatrix} \right\} (1 \quad 2^{-1} \quad 3^{-1})$$

$$= \begin{pmatrix} 1 \\ 2 \\ 3 \end{pmatrix} (1 \times 1 + 2^{-1} \times 2 + 3^{-1} \times 3)^{10} (1 \quad 2^{-1} \quad 3^{-1}) = 3^{10} \begin{pmatrix} 1 & \dfrac{1}{2} & \dfrac{1}{3} \\ 2 & 1 & \dfrac{2}{3} \\ 3 & \dfrac{3}{2} & 1 \end{pmatrix}$$

四、矩阵转置

定义 2.6　设矩阵 $A = (a_{ij})_{m \times n}$ 的**转置矩阵**记作 A^T, 规定

$$A^T = \begin{pmatrix} a_{11} & a_{12} & \cdots & a_{1n} \\ a_{21} & a_{22} & \cdots & a_{2n} \\ \vdots & \vdots & & \vdots \\ a_{m1} & a_{m2} & \cdots & a_{mn} \end{pmatrix}^T = \begin{pmatrix} a_{11} & a_{21} & \cdots & a_{n1} \\ a_{12} & a_{22} & \cdots & a_{n2} \\ \vdots & \vdots & & \vdots \\ a_{1n} & a_{2n} & \cdots & a_{mn} \end{pmatrix}$$

由定义可知, 若 A 是 $m \times n$ 矩阵, A^T 的 (i,j) 元素恰是 A 的 (j,i) 元素.

例7　设 $A = \begin{pmatrix} 1 & 2 & 3 \\ 4 & 5 & 6 \end{pmatrix}$, 则它的转置是 $A^T = \begin{pmatrix} 1 & 4 \\ 2 & 5 \\ 3 & 6 \end{pmatrix}$.

矩阵的转置具有下列运算规律（设运算有意义）

（1）$(A^T)^T = A$

（2）$(aB)^T = aB^T$

$(3) (A + B)^T = A^T + B^T$

$(4) (AB)^T = B^T A^T$

例8 已知 $A = \begin{pmatrix} 2 & 0 & -1 \\ 1 & 3 & 2 \end{pmatrix}$, $B = \begin{pmatrix} 1 & 7 & -1 \\ 4 & 2 & 3 \\ 2 & 0 & 1 \end{pmatrix}$, 求 $(AB)^T$

解 方法1 $AB = \begin{pmatrix} 2 & 0 & -1 \\ 1 & 3 & 2 \end{pmatrix} \begin{pmatrix} 1 & 7 & -1 \\ 4 & 2 & 3 \\ 2 & 0 & 1 \end{pmatrix} = \begin{pmatrix} 0 & 14 & -3 \\ 17 & 13 & 10 \end{pmatrix}$

所以 $(AB)^T = \begin{pmatrix} 0 & 17 \\ 14 & 13 \\ -3 & 10 \end{pmatrix}$

方法2 $(AB)^T = B^T A^T = \begin{pmatrix} 1 & 4 & 2 \\ 7 & 2 & 0 \\ -1 & 3 & 1 \end{pmatrix} \begin{pmatrix} 2 & 1 \\ 0 & 3 \\ -1 & 2 \end{pmatrix} = \begin{pmatrix} 0 & 17 \\ 14 & 13 \\ -3 & 10 \end{pmatrix}$

定义2.7 如果方阵 A 满足 $A^T = A$, 则称 A 是对称方阵.

定义2.8 如果方阵 A 满足 $A^T = -A$, 则称 A 是反对称方阵.

例9 下列矩阵 A 是对称方阵, B 是反对称方阵.

$$A = \begin{pmatrix} 5 & 2 & 3 \\ 2 & 1 & 4 \\ 3 & 3 & 0 \end{pmatrix}, \quad B = \begin{pmatrix} 0 & 3 & 2 \\ -3 & 0 & -1 \\ -2 & 1 & 0 \end{pmatrix}$$

五、方阵的行列式

定义2.9 由 n 阶方阵 A 的元素所构成的行列式(各元素的位置不变), 称为方阵 A 的行列式, 记作 $|A|$ 或 $detA$.

注: 方阵与行列式是两个不同的概念, n 阶方阵是 n^2 个数按一定方式排列的数表, 而 n 阶行列式则是这些数按一定的运算法制所确定的一个数值(实数或复数).

由 A 确定 $|A|$ 的运算满足下述运算律(假设运算是可行的).

$(1) |A| = |A|^T$

$(2) |\lambda A| = \lambda^n |A|$ (λ 是数)

$(3) |AB| = |A||B|$

注: 由性质3可知, 对于 n 阶矩阵 A、B, 虽然一般 $AB \neq BA$, 但是

$$|AB| = |A||B| = |B||A| = |BA|$$

第三节　逆矩阵

一、逆矩阵的定义

我们知道数的除法是乘法的逆运算,那么矩阵的乘法有没有逆运算呢? 由于数的乘法满足交换律,所以由 $ab = ba = c$,可以定义 $c \div a = \dfrac{c}{a} = b$. 而矩阵乘法不满足交换律,所以矩阵不能定义除法运算. 对于数 a, b,如果 $ab = 1$,则称 $b = \dfrac{1}{a}$ 为 a 的逆,数 a 满足 $aa^{-1} = a^{-1}a = 1$. 由此我们自然会想到有没有矩阵 A 类似于非零数 a 的这种性质呢? 这个答案是肯定的,例如:

$$\begin{pmatrix} 2 & \\ & 2 \end{pmatrix} \begin{pmatrix} \dfrac{1}{2} & \\ & \dfrac{1}{2} \end{pmatrix} = \begin{pmatrix} \dfrac{1}{2} & \\ & \dfrac{1}{2} \end{pmatrix} \begin{pmatrix} 2 & \\ & 2 \end{pmatrix} = E$$

其中单位矩阵类似于数中的 1. 下面给出一般定义.

定义 2.10　对于 n 阶方阵 A,如果有一个 n 阶方阵 B,使

$$AB = BA = E ,$$

则称方阵 A 是**可逆的**,并把矩阵 B 称为 A 的**逆矩阵**,简称为 A 的逆.

定理 2.1　若方阵 A 是可逆的,那么 A 的逆矩阵是唯一的.

事实上,设 B、C 都是 A 的逆阵,则有

$AB = BA = E, AC = CA = E,$

$B = EB = (CA)B = C(AB) = CE = C,$

所以 A 的逆阵是唯一的,记为 A^{-1}.

二、方阵可逆的充要条件

定义 2.11　设 n 阶方阵 $A = (a_{ij})$,元素 a_{ij} 在 $|A|$ 中的代数余子式为 $A_{ij}(i, j = 1, 2, \cdots, n)$,则

矩阵
$$A^* = \begin{pmatrix} A_{11} & A_{21} & \cdots & A_{n1} \\ A_{12} & A_{22} & \cdots & A_{n2} \\ \vdots & \vdots & & \vdots \\ A_{1n} & A_{2n} & \cdots & A_{nn} \end{pmatrix}$$

称为 A 的伴随矩阵.

例 1　设 $A = \begin{pmatrix} 2 & 2 & 3 \\ 1 & -1 & 0 \\ -1 & 2 & 1 \end{pmatrix}$,试求 A^*.

解 通过计算可得：

$$A_{11} = -1, \quad A_{12} = -1, \quad A_{13} = 1, \quad A_{21} = 4$$
$$A_{22} = 5, \quad A_{23} = -6, \quad A_{31} = 3, \quad A_{32} = 3, \quad A_{33} = -4$$

所以
$$A^* = \begin{pmatrix} -1 & 4 & 3 \\ -1 & 5 & 3 \\ 1 & -6 & -4 \end{pmatrix}$$

定义2.12 如果 n 阶矩阵 A 的行列式 $|A| \neq 0$，则称 A 为非奇异的，否则称 A 为奇异的.

定理2.2 n 阶矩阵 A 可逆的充分必要条件是其行列式 $|A| \neq 0$，且当其可逆时，有

$$A^{-1} = \frac{1}{|A|}A^*$$

其中 A^* 为 A 的伴随矩阵.

证明 必要性. 由 A 可逆，知存在 n 阶矩阵 B 满足 $AB = E$，从而
$$|A||B| = |AB| = |E| = 1 \neq 0.$$

因此 $|A| \neq 0$，同时 $|B| \neq 0$.

充分性. 设 $A = (a_{ij})_{n \times n}$，则

$$AA^* = \begin{pmatrix} a_{11} & a_{12} & \cdots & a_{1n} \\ a_{21} & a_{22} & \cdots & a_{2n} \\ \cdots & \cdots & & \cdots \\ a_{n1} & a_{n2} & \cdots & a_{nn} \end{pmatrix}\begin{pmatrix} A_{11} & A_{21} & \cdots & A_{n1} \\ A_{12} & A_{22} & \cdots & A_{n2} \\ \vdots & \vdots & & \vdots \\ A_{1n} & A_{2n} & \cdots & A_{nn} \end{pmatrix} = \begin{pmatrix} |A| & 0 & \cdots & 0 \\ 0 & |A| & \cdots & 0 \\ \cdots & \cdots & \cdots & \cdots \\ 0 & 0 & \cdots & |A| \end{pmatrix}$$
$$= |A|E$$

且当 $|A| \neq 0$ 时，有 $A\left(\frac{1}{|A|}A^*\right) = E$

类似地，可得 $A^*A = |A|E$，且当 $|A| \neq 0$ 时，有 $\left(\frac{1}{|A|}A^*\right)A = E$

由定义知，矩阵 A 可逆，且 $A^{-1} = \frac{1}{|A|}A^*$.

此定理不仅给出了方阵 A 可逆的充分必要条件，而且提供了求 A^{-1} 的一种方法.

例2 求例1中矩阵 A 的逆矩阵 A^{-1}.

解 因 $|A| = \begin{vmatrix} 2 & 2 & 3 \\ 1 & -1 & 0 \\ -1 & 2 & 1 \end{vmatrix} = -1 \neq 0$

故矩阵 A 可逆，由例1的结果已知 $A^* = \begin{pmatrix} -1 & 4 & 3 \\ -1 & 5 & 3 \\ 1 & -6 & -4 \end{pmatrix}$. 于是

$$A^{-1} = \frac{1}{|A|}A^* = -\begin{pmatrix} -1 & 4 & 3 \\ -1 & 5 & 3 \\ 1 & -6 & -4 \end{pmatrix} = \begin{pmatrix} 1 & -4 & -3 \\ 1 & -5 & -3 \\ -1 & 6 & 4 \end{pmatrix}$$

例3 设 $A = \begin{pmatrix} 1 & 3 & 3 \\ 1 & 4 & 3 \\ 1 & 3 & 4 \end{pmatrix}$，验证 A 是否可逆，若可逆求其逆.

解 求得 $|A| = 1 \neq 0$，知 A 可逆，再计算

$$A^* = \begin{pmatrix} 7 & -3 & -3 \\ -1 & 1 & 0 \\ -1 & 0 & 1 \end{pmatrix}$$

所以

$$A^{-1} = \frac{1}{|A|}A^* = \begin{pmatrix} 7 & -3 & -3 \\ -1 & 1 & 0 \\ -1 & 0 & 1 \end{pmatrix}$$

三、可逆矩阵的性质

可逆矩阵有如下重要的性质：

性质1 若 A 可逆，则 A^{-1} 也可逆，且 $(A^{-1})^{-1} = A$.

性质2 若 A 可逆，数 $\lambda \neq 0$，则 λA 可逆，且 $(\lambda A)^{-1} = \frac{1}{\lambda}A^{-1}$.

证明 由于 $(\lambda A)\frac{1}{\lambda}A^{-1} = \left(\lambda \frac{1}{\lambda}\right)(AA^{-1}) = E$ 即证.

性质3 若 A, B 均为可逆矩阵，则 AB 也可逆，且 $(AB)^{-1} = B^{-1}A^{-1}$

证明 由于 $(AB)(B^{-1}A^{-1}) = A(BB^{-1})A^{-1} = AEA^{-1} = AA^{-1}$，即有 $(AB)^{-1} = B^{-1}A^{-1}$.

这一结果可以推广为若 n 阶矩阵 $A_1, A_2, \cdots A_s$ 都可逆，则它们的乘积 $A_1A_2\cdots A_s$ 也可逆，且

$$(A_1A_2\cdots A_s)^{-1} = A_s^{-1}\cdots A_2^{-1}A_1^{-1}$$

性质4 若 A 可逆，则 A^T 也可逆，且 $(A^T)^{-1} = (A^{-1})^T$

证明 $A^T(A^{-1})^T = E^T = E.$ 所以

$$(A^T)^{-1} = (A^{-1})^T$$

当 $|A| \neq 0$ 时，还可以定义

$$A^0 = E, A^{-k} = (A^{-1})^k$$
$$A^\lambda A^\mu = A^{\lambda+\mu}, (A^\lambda)^\mu = A^{\lambda\mu}$$

其中，λ, k, μ 均为整数.

性质5 若 A 可逆，则 $|A^{-1}| = |A|^{-1}$.

证明 因为 $AA^{-1} = E$，故 $|A||A^{-1}| = 1$，从而 $|A^{-1}| = |A|^{-1}$.

四、矩阵方程

对标准矩阵方程

$$AX = B, \quad XA = B, \quad AXB = C,$$

利用矩阵乘法的运算规律和逆矩阵的运算性质,通过在方程两边左乘或右乘相应矩阵的逆矩阵,可求出其解分别为

$$X = A^{-1}B, \ X = BA^{-1}, \quad X = A^{-1}CB^{-1},$$

而其他形式的矩阵方程,则可通过矩阵的有关性质转化为标准矩阵方程后进行求解.

例4 设 $A = \begin{pmatrix} 1 & 3 & 3 \\ 1 & 4 & 3 \\ 1 & 3 & 4 \end{pmatrix}$, $B = \begin{pmatrix} 2 & 1 \\ 5 & 3 \end{pmatrix}$, $C = \begin{pmatrix} 1 & 0 \\ 0 & 1 \\ 1 & 0 \end{pmatrix}$,求矩阵 X 使 $AXB = C$.

解 由于 $|A| = 1 \neq 0$, $|B| = 1 \neq 0$,所以 A^{-1}, B^{-1} 存在,用 A^{-1} 左乘上式两端, B^{-1} 右乘上式两端,有

$$A^{-1}AXBB^{-1} = A^{-1}CB^{-1}$$
$$X = A^{-1}CB^{-1}$$

因为

$$A^{-1} = \begin{pmatrix} 7 & -3 & -3 \\ -1 & 1 & 0 \\ -1 & 0 & 1 \end{pmatrix}, \quad B^{-1} = \begin{pmatrix} 3 & -1 \\ -5 & 2 \end{pmatrix}$$

于是

$$X = A^{-1}CB^{-1} = \begin{pmatrix} 7 & -3 & -3 \\ -1 & 1 & 0 \\ -1 & 0 & 1 \end{pmatrix}\begin{pmatrix} 1 & 0 \\ 0 & 1 \\ 1 & 0 \end{pmatrix}\begin{pmatrix} 3 & -1 \\ -5 & 2 \end{pmatrix}$$

$$= \begin{pmatrix} 4 & -3 \\ -1 & 1 \\ 0 & 0 \end{pmatrix}\begin{pmatrix} 3 & -1 \\ -5 & 2 \end{pmatrix} = \begin{pmatrix} 27 & -10 \\ -8 & 3 \\ 0 & 0 \end{pmatrix}$$

第四节 矩阵的初等变换与初等矩阵

矩阵的初等变换是矩阵的一种重要的运算,在线性方程组的求解及矩阵理论的研究中都具有重要的作用.

一、矩阵的初等变换

定义2.13 下面三种变换称为矩阵 A 的初等行(列)变换:

(1)交换矩阵 A 的某两行(列);如,交换 i,j 两行(列)的初等行(列)变换记

作 $r_i \leftrightarrow r_j (c_i \leftrightarrow c_j)$.

（2）用非零常数 k 乘矩阵 A 的某一行（列）；如，以 $k \neq 0$ 乘矩阵的第 i 行（列）的初等行（列）变换记作 $kr_i(kc_i)$.

（3）将矩阵 A 的某一行（列）乘以常数 k 再加到另一行（列）上去.如，矩阵 A 的第 j 行（列）乘以常数 k 再加到第 i 行（列）的初等行（列）变换记作 $r_i + kr_j(c_i + kc_j)$.

矩阵的初等行变换与初等列变换统称为矩阵的初等变换.

例 1　设矩阵 $A = \begin{pmatrix} 2 & 1 & 2 & 3 \\ 4 & 1 & 3 & 5 \\ 2 & 0 & 1 & 2 \end{pmatrix}$，对其作如下初等行变换：

$$A = \begin{pmatrix} 2 & 1 & 2 & 3 \\ 4 & 1 & 3 & 5 \\ 2 & 0 & 1 & 2 \end{pmatrix} \xrightarrow[r_2 - 2r_1]{r_3 - r_1} \begin{pmatrix} 2 & 1 & 2 & 3 \\ 0 & -1 & -1 & -1 \\ 0 & -1 & -1 & -1 \end{pmatrix}$$

$$\xrightarrow{r_3 - r_2} \begin{pmatrix} 2 & 1 & 2 & 3 \\ 0 & -1 & -1 & -1 \\ 0 & 0 & 0 & 0 \end{pmatrix} \triangleq B$$

这里的矩阵 B 以其形状的特征称为阶梯形矩阵.

例如，下列矩阵均为行阶梯形矩阵：

$$\begin{pmatrix} 1 & 0 & -1 \\ 0 & 5 & 2 \\ 0 & 0 & 8 \end{pmatrix}, \begin{pmatrix} 0 & 1 & -3 & -1 \\ 0 & 0 & 0 & 7 \\ 0 & 0 & 0 & 0 \end{pmatrix}, \begin{pmatrix} 2 & 1 & 0 & 2 \\ 0 & -1 & 1 & 1 \\ 0 & 0 & 3 & 5 \end{pmatrix}$$

定义 2.14　一般地,称满足下列条件的矩阵称为阶梯形矩阵：

（1）零行（元素全为零的行）位于矩阵的下方；

（2）各非零行（元素不全为零的行）的首非零元（从左至右第一个不为零的元素）的列标随着行标的增大而严格增大（或说其列标一定不小于行标）.

对例 1 中的阶梯形矩阵 B 再作如下初等行变换：

$$B = \begin{pmatrix} 2 & 1 & 2 & 3 \\ 0 & -1 & -1 & -1 \\ 0 & 0 & 0 & 0 \end{pmatrix} \xrightarrow{-r_2} \begin{pmatrix} 2 & 1 & 2 & 3 \\ 0 & 1 & 1 & 1 \\ 0 & 0 & 0 & 0 \end{pmatrix}$$

$$\xrightarrow[\frac{1}{2}r_1]{r_1 - r_2} \begin{pmatrix} 1 & 0 & \frac{1}{2} & 1 \\ 0 & 1 & 1 & 1 \\ 0 & 0 & 0 & 0 \end{pmatrix} \triangleq C$$

称这里的特殊形状的阶梯形矩阵 C 为行最简形矩阵.

定义 2.15　一般地,称满足下列条件的阶梯形矩阵为行最简形矩阵：

（1）各非零行的首非零元都是 1；

（2）每个首非零元所在列的其余元素都是零.

例如,下列矩阵均为行最简形矩阵:

$$\begin{pmatrix} 1 & 0 & 0 \\ 0 & 1 & 0 \\ 0 & 0 & 1 \end{pmatrix}, \quad \begin{pmatrix} 1 & 0 & 0 & -1 \\ 0 & 1 & 0 & 7 \\ 0 & 0 & 1 & 2 \end{pmatrix}, \quad \begin{pmatrix} 1 & 0 & 0 & 0 \\ 0 & 1 & 0 & 0 \\ 0 & 0 & 1 & 0 \\ 0 & 0 & 0 & 0 \end{pmatrix}$$

定理 2.3 对于任何矩阵 A,总可以经过有限次初等行变换化为行阶梯形矩阵,并进而化为行最简形矩阵.

二、初等矩阵

下面我们来定义初等矩阵的概念.

定义 2.16 由单位矩阵 E 经过一次初等变换得到的矩阵称为初等矩阵.

三种初等变换对应着三种初等矩阵.

(1)**初等对换矩阵** 交换 E 的 i,j 两行或是 i,j 两列得到的初等矩阵;记作 P_{ij}.

$$P_{ij} = \begin{pmatrix} 1 & & & & & & & & & & \\ & \ddots & & & & & & & & & \\ & & 1 & & & & & & & & \\ & & & 0 & 0 & \cdots & 0 & 1 & & & \\ & & & 0 & 1 & \cdots & 0 & 0 & & & \\ & & & \vdots & \vdots & \ddots & \vdots & \vdots & & & \\ & & & 0 & 0 & \cdots & 1 & 0 & & & \\ & & & 1 & 0 & \cdots & 0 & 0 & & & \\ & & & & & & & & 1 & & \\ & & & & & & & & & \ddots & \\ & & & & & & & & & & 1 \end{pmatrix} \begin{matrix} \\ \\ \\ i\,行 \\ \\ \\ j\,行 \\ \\ \\ \end{matrix}$$

$$\qquad\qquad i\,列 \qquad\quad j\,列$$

(2)**初等倍法矩阵** 用一个非零数 k 乘以 E 的第 i 行或第 i 列,得到的初等矩阵;记作 $D_i(k)$.

$$D_i(k) = \begin{pmatrix} 1 & & & & & & \\ & \ddots & & & & & \\ & & 1 & & & & \\ & & & k & & & \\ & & & & 1 & & \\ & & & & & \ddots & \\ & & & & & & 1 \end{pmatrix} \begin{matrix} \\ \\ \\ i\,行 \\ \\ \\ \end{matrix}$$

$$\qquad\qquad\qquad i\,列$$

(3)**初等消法矩阵** 将 E 的第 j 行的 k 倍加到第 i 行上去,或将 E 的第 i 列的 k 倍

加到第 j 列上去,得到的初等矩阵;记作 $T_{ij}(k)$.

$$T_{ij}(k) = \begin{pmatrix} 1 & & & & & & & \\ & \ddots & & & & & & \\ & & 1 & \cdots & k & & & \\ & & & \ddots & \vdots & & & \\ & & & & 1 & & & \\ & & & & & \ddots & \\ & & & & & & 1 \end{pmatrix} \begin{matrix} \\ \\ i\,行 \\ j\,行 \\ \\ \\ \end{matrix}$$

$$i\,列 \quad j\,列$$

前面我们学习了初等矩阵,由上述定义可知,初等矩阵是可逆矩阵且初等矩阵的逆矩阵仍是初等矩阵.

事实上: $P_{ij}^{-1} = P_{ij}$,$(D_i(k))^{-1} = D_i(\frac{1}{k})$,$(T_{ij}(k))^{-1} = T_{ij}(-k)$

定义 2.17 设矩阵 $A = (a_{i,j})_{m \times n}$ 对 A 施以一次行初等变换相当于在 A 的左侧乘以一个 m 阶的初等矩阵;对 A 施以一次列初等变换相当于在 A 的右侧乘以一个 n 阶的初等矩阵.

我们只对第三种行初等变换进行证明.

$$T_{ij}(k)A = \begin{pmatrix} 1 & & & & & & \\ & \ddots & & & & & \\ & & 1 & \cdots & k & & \\ & & & \ddots & \vdots & & \\ & & & & 1 & & \\ & & & & & \ddots & \\ & & & & & & 1 \end{pmatrix} \begin{pmatrix} a_{11} & a_{12} & \cdots & a_{1n} \\ \cdots & \cdots & \cdots & \cdots \\ a_{i1} & a_{i2} & \cdots & a_{in} \\ \cdots & \cdots & \cdots & \cdots \\ a_{j1} & a_{j2} & \cdots & a_{jn} \\ \cdots & \cdots & \cdots & \cdots \\ a_{m1} & a_{m2} & \cdots & a_{mn} \end{pmatrix}$$

$$= \begin{pmatrix} a_{11} & a_{12} & \cdots & a_{1n} \\ \cdots & \cdots & \cdots & \cdots \\ a_{i1}+ka_{j1} & a_{i2}+ka_{j2} & \cdots & a_{in}+ka_{jn} \\ \cdots & \cdots & \cdots & \cdots \\ a_{j1} & a_{j2} & \cdots & a_{jn} \\ \cdots & \cdots & \cdots & \cdots \\ a_{m1} & a_{m2} & \cdots & a_{mn} \end{pmatrix}$$

其他的情形请读者自证.

由上述定理我们还可以得到一个 $m \times n$ 的矩阵 A 与初等矩阵之间的关系.

定义 2.18 一个 $m \times n$ 的矩阵 A 总可以表示为:

$$A = E_1 E_2 \cdots E_s R$$

的形式,其中 $E_1, E_2, \cdots, E_s$ 为 m 阶初等矩阵,R 为 $m \times n$ 的简化阶梯形矩阵.

定理 2.4 一个 n 阶矩阵可逆的充分必要条件是存在有限个初等矩阵 $E_1, E_2, \cdots, E_s$ 使 $A = E_1 E_2 \cdots E_s$

例2 设矩阵

$$A = \begin{pmatrix} 1 & 2 & 3 \\ 2 & 2 & 1 \\ 3 & 4 & 3 \end{pmatrix}$$

求 A 的逆矩阵

解

$$(A, E) = \begin{pmatrix} 1 & 2 & 3 & \vdots & 1 & 0 & 0 \\ 2 & 2 & 1 & \vdots & 0 & 1 & 0 \\ 3 & 4 & 3 & \vdots & 0 & 0 & 1 \end{pmatrix} \sim \begin{pmatrix} 1 & 2 & 3 & \vdots & 1 & 0 & 0 \\ 0 & -2 & -5 & \vdots & -2 & 1 & 0 \\ 0 & -2 & -6 & \vdots & -3 & 0 & 1 \end{pmatrix}$$

$$\sim \begin{pmatrix} 1 & 2 & 3 & \vdots & 1 & 0 & 0 \\ 0 & -2 & -5 & \vdots & -2 & 1 & 0 \\ 0 & 0 & -1 & \vdots & -1 & -1 & 1 \end{pmatrix} \sim \begin{pmatrix} 1 & 0 & 0 & \vdots & 1 & 3 & -2 \\ 0 & -2 & 0 & \vdots & 3 & 6 & -5 \\ 0 & 0 & -1 & \vdots & -1 & -1 & 1 \end{pmatrix}$$

$$\sim \begin{pmatrix} 1 & 0 & 0 & \vdots & 1 & 3 & -2 \\ 0 & 1 & 0 & \vdots & -\dfrac{3}{2} & -3 & \dfrac{5}{2} \\ 0 & 0 & 1 & \vdots & 1 & 1 & -1 \end{pmatrix}$$

$$A^{-1} = \begin{pmatrix} 1 & 3 & -2 \\ -\dfrac{3}{2} & -3 & \dfrac{5}{2} \\ 1 & 1 & -1 \end{pmatrix}$$

例3 设矩阵

$$A = \begin{pmatrix} 0 & 1 & 2 \\ 1 & 1 & 4 \\ 2 & -1 & 0 \end{pmatrix}$$

求 A^{-1}.

解 $(A, E) = \begin{pmatrix} 0 & 1 & 2 & \vdots & 1 & 0 & 0 \\ 1 & 1 & 4 & \vdots & 0 & 1 & 0 \\ 2 & -1 & 0 & \vdots & 0 & 0 & 1 \end{pmatrix} \sim \begin{pmatrix} 1 & 1 & 4 & \vdots & 0 & 1 & 0 \\ 0 & 1 & 2 & \vdots & 1 & 0 & 0 \\ 2 & -1 & 0 & \vdots & 0 & 0 & 1 \end{pmatrix}$

$$\sim \begin{pmatrix} 1 & 1 & 4 & \vdots & 0 & 1 & 0 \\ 0 & 1 & 2 & \vdots & 1 & 0 & 0 \\ 0 & -3 & -8 & \vdots & 0 & -2 & 1 \end{pmatrix} \sim \begin{pmatrix} 1 & 0 & 2 & \vdots & -1 & 1 & 0 \\ 0 & 1 & 2 & \vdots & 1 & 0 & 0 \\ 0 & 0 & -2 & \vdots & 3 & -2 & 1 \end{pmatrix}$$

$$\sim \begin{pmatrix} 1 & 0 & 0 & \vdots & 2 & -1 & 1 \\ 0 & 1 & 0 & \vdots & 4 & -2 & 1 \\ 0 & 0 & -2 & \vdots & 3 & -2 & 1 \end{pmatrix} \sim \begin{pmatrix} 1 & 0 & 0 & \vdots & 2 & -1 & 1 \\ 0 & 1 & 0 & \vdots & 4 & -2 & 1 \\ 0 & 0 & 1 & \vdots & -\dfrac{3}{2} & 1 & -\dfrac{1}{2} \end{pmatrix}$$

于是

$$A^{-1} = \begin{pmatrix} 2 & -1 & 1 \\ 4 & -2 & 1 \\ -\dfrac{3}{2} & 1 & -\dfrac{1}{2} \end{pmatrix}$$

第五节　矩阵的秩

我们知道,任意矩阵可经初等变换为行阶梯形矩阵,这个行阶梯形矩阵所含非零行的行数实际上就是本节将要讨论的矩阵的秩. 它是矩阵的一个数字特征,是矩阵在初等变换中的一个不变量,对研究矩阵的性质有着重要的作用.

定义 2.19　在 $m \times n$ 矩阵 A 中,任取 k 行 k 列 $(1 \leqslant k \leqslant m, 1 \leqslant k \leqslant n)$,位于这些行、列交叉处的 k^2 个元素,不改变它们在 A 中所处的位置次序而得到的 k 阶行列式,称为矩阵 A 的 k 阶子式.

注:$m \times n$ 矩阵 A 的 k 阶子式共有 $C_m^k \cdot C_n^k$ 个.

例如,设矩阵 $A = \begin{pmatrix} 1 & 3 & 4 & 5 \\ -1 & 0 & 2 & 3 \\ 0 & 1 & -1 & 0 \end{pmatrix}$,则由 1、3 两行,2、4 两列构成的二阶子式为 $\begin{vmatrix} 3 & 5 \\ 1 & 0 \end{vmatrix}$.

定义 2.20　如果矩阵 A 中有一个 r 阶子式 $D_r \neq 0$,而所有 $r + 1$ 阶子式(如果存在的话)的值全为 0,则称 D_r 为矩阵 A 的一个**最高阶非零子式**,其阶数 r 称为矩阵 A 的**秩**,记作 $r(A)$ 或 $R(A)$.并规定零矩阵的秩为 0.

例 1　求矩阵 $A = \begin{pmatrix} 1 & 2 & 3 \\ 2 & 3 & -5 \\ 4 & 7 & 1 \end{pmatrix}$ 的秩.

解　在 A 中,$\begin{vmatrix} 1 & 3 \\ 2 & -5 \end{vmatrix} \neq 0$. 又 A 的三阶子式只有一个 $|A|$,且

$$|A| = \begin{vmatrix} 1 & 2 & 3 \\ 2 & 3 & -5 \\ 4 & 7 & 1 \end{vmatrix} = \begin{vmatrix} 1 & 2 & 3 \\ 0 & -1 & -11 \\ 0 & -1 & -11 \end{vmatrix} = 0$$

故 $r(A) = 2$.

例 2　求矩阵 $A = \begin{pmatrix} 1 & -1 & 0 & 2 & 3 \\ 0 & 2 & 1 & -1 & 0 \\ 0 & 0 & 0 & 2 & -1 \\ 0 & 0 & 0 & 0 & 0 \end{pmatrix}$ 的秩.

解　A 是一个行阶梯形矩阵,其非零行有 3 行,即知 A 的所有 4 阶子式全为零.而以上 3 个非零行的首非零行的非零元为对角元的 3 阶行列式

$$\begin{vmatrix} 1 & -1 & 2 \\ 0 & 2 & -1 \\ 0 & 0 & 2 \end{vmatrix}$$

是一个上三角行列式,它的值显然不等于 0,因此 $r(A) = 3$.

显然,矩阵的秩具有下列性质:

(1) 若矩阵 A 有某个 s 阶子式不为 0,则 $r(A) \geqslant s$;

(2) 若 A 中所有的 t 阶子式全为 0,则 $r(A) < t$;

(3) 若 A 为 $m \times n$ 矩阵,则 $0 \leqslant r(A) \leqslant min\{m,n\}$;

(4) $r(A) = r(A^T)$.

当 $r(A) = min\{m,n\}$,称矩阵 A 为**满秩矩阵**,否则称为**降秩矩阵**.

例如,对矩阵 $A = \begin{pmatrix} 1 & 3 & 4 & 5 \\ 0 & 1 & 0 & 3 \\ 0 & 0 & 1 & 0 \end{pmatrix}$, $0 \leqslant r(A) \leqslant 3$,又存在三阶子式

$$\begin{vmatrix} 1 & 3 & 4 \\ 0 & 1 & 0 \\ 0 & 0 & 1 \end{vmatrix} = 1 \neq 0$$

所以 $r(A) \geqslant 3$,从而 $r(A) = 3$,故 A 为满秩矩阵.

由上面的例子可知,利用定义计算矩阵的秩,需要由高阶到低阶考虑矩阵的子式,当行数与列数较高时,按定义求秩是非常麻烦的.

由于行阶形矩阵的秩很容易判断,而任意矩阵都可以经过有限次初等行变换化为阶梯形矩阵,因而可考虑借助初等变换法来求矩阵的秩.

定理 2.5　初等变换不改变矩阵的秩.

证明　略

根据这个定理,我们可得到利用初等变换求矩阵秩的方法:把矩阵用初等变换变成行阶梯形矩阵,行阶梯形矩阵中非零行的行数就是该矩阵的秩.

例 3　求矩阵 $\begin{pmatrix} 1 & 0 & 0 & 1 \\ 1 & 2 & 0 & -1 \\ 3 & -1 & 0 & 4 \\ 1 & 4 & 5 & 1 \end{pmatrix}$ 的秩.

解　$A \xrightarrow[\substack{r_2-r_1 \\ r_3-3r_1 \\ r_4-r_1}]{} \begin{pmatrix} 1 & 0 & 0 & 1 \\ 0 & 2 & 0 & -2 \\ 0 & -1 & 0 & 1 \\ 0 & 4 & 5 & 0 \end{pmatrix} \xrightarrow[\substack{r_2\div2 \\ r_3+r_3 \\ r_4-4r_2}]{} \begin{pmatrix} 1 & 0 & 0 & 1 \\ 0 & 1 & 0 & -1 \\ 0 & 0 & 0 & 0 \\ 0 & 0 & 5 & 4 \end{pmatrix} \xrightarrow[]{r_3 \leftrightarrow r_4} \begin{pmatrix} 1 & 0 & 0 & 1 \\ 0 & 1 & 0 & -1 \\ 0 & 0 & 5 & 4 \\ 0 & 0 & 0 & 0 \end{pmatrix}$

所以 $r(A) = 3$.

例4 设 $A = \begin{pmatrix} 3 & 2 & 0 & 5 & 0 \\ 3 & -2 & 3 & 6 & -1 \\ 2 & 0 & 1 & 5 & -3 \\ 1 & 6 & -4 & -1 & 4 \end{pmatrix}$，求矩阵 A 的秩，并求 A 的一个最高非

零子式.

解 对 A 作初等变换,变成行阶梯形矩阵.

$$A \xrightarrow{r_1 \leftrightarrow r_4} \begin{pmatrix} 1 & 6 & -4 & -1 & 4 \\ 3 & -2 & 3 & 6 & -1 \\ 2 & 0 & 1 & 5 & -3 \\ 3 & 2 & 0 & 5 & 0 \end{pmatrix} \xrightarrow{r_2 - r_4} \begin{pmatrix} 1 & 6 & -4 & -1 & 4 \\ 0 & -4 & 3 & 1 & -1 \\ 2 & 0 & 1 & 5 & -3 \\ 3 & 2 & 0 & 5 & 0 \end{pmatrix}$$

$$\xrightarrow[r_4 - 3r_1]{r_3 - 2r_1} \begin{pmatrix} 1 & 6 & -4 & 1 & 4 \\ 0 & -4 & 3 & 1 & -1 \\ 0 & -12 & 9 & 7 & -11 \\ 0 & -16 & 12 & 8 & -12 \end{pmatrix} \xrightarrow[r_4 - 4r_2]{r_3 - 3r_2} \begin{pmatrix} 1 & 6 & -4 & 1 & 4 \\ 0 & -4 & 3 & 1 & -1 \\ 0 & 0 & 0 & 4 & -8 \\ 0 & 0 & 0 & 4 & -8 \end{pmatrix}$$

$$\xrightarrow{r_4 - r_3} \begin{pmatrix} 1 & 6 & -4 & -1 & 4 \\ 0 & -4 & 3 & 1 & -1 \\ 0 & 0 & 0 & 4 & -8 \\ 0 & 0 & 0 & 0 & 0 \end{pmatrix}$$

由行阶梯形矩阵有三个非零行可知 $r(A) = 3$.

再求 A 的一个最高阶子式.由 $r(A) = 3$ 知,A 的最高阶非零子式为三阶. A 的三阶子式共有 $C_4^3 \cdot C_5^3 = 40$ 个.

考察 A 的行阶梯形矩阵,记 $A = (\alpha_1, \alpha_2, \alpha_3, \alpha_4, \alpha_5)$,则矩阵 $B = (\alpha_1, \alpha_2, \alpha_4)$ 的行

阶梯形矩阵为 $\begin{pmatrix} 1 & 6 & -1 \\ 0 & -4 & 1 \\ 0 & 0 & 4 \\ 0 & 0 & 0 \end{pmatrix}$,$r(B) = 3$,故 B 中必有三阶非零子式,且共有四个.计算

B 中前三行构成的子式

$$\begin{vmatrix} 3 & 2 & 5 \\ 3 & -2 & 6 \\ 2 & 0 & 5 \end{vmatrix} = \begin{vmatrix} 3 & 2 & 5 \\ 6 & 0 & 11 \\ 2 & 0 & 5 \end{vmatrix} = -2 \begin{vmatrix} 6 & 11 \\ 2 & 5 \end{vmatrix} = -16 \neq 0$$

则这个子式便是 A 的一个最高阶非零子式.

例5 设 $A = \begin{pmatrix} 1 & -1 & 1 & 2 \\ 3 & \lambda & -1 & 2 \\ 5 & 3 & \mu & 6 \end{pmatrix}$,已知 $r(A) = 2$,求 λ 与 μ 的值.

解 $A \xrightarrow[r_3 - 5r_1]{r_2 - 3r_1} \begin{pmatrix} 1 & -1 & 1 & 2 \\ 0 & \lambda+3 & -4 & -4 \\ 0 & 8 & \mu-5 & -4 \end{pmatrix} \xrightarrow{r_3 - r_2} \begin{pmatrix} 1 & -1 & 1 & 2 \\ 0 & \lambda+3 & -4 & -4 \\ 0 & 5-\lambda & \mu-1 & 0 \end{pmatrix}$,

因为 $r(A)=2$，故 $5-\lambda=0,\mu-1=0$，即 $\lambda=5,\mu=1$.

第六节　　矩阵的应用

一、生产成本计算

在生产管理中，经常要对生产过程中产生的数据进行统计、处理、分析，进而达到对生产过程的了解和监控，以此对生产进行管理和调控，保证生产的平稳以达到最好的经济收益.但是在实际的生产过程中得到的原始数据往往纷繁复杂，直接计算起来比较困难，此时将该实际问题转化成矩阵问题，计算起来就十分简洁.

例 1　假设 A 企业生产三种产品 A、B、C，每件产品的成本及每季度生产的件数如表 2－1 和表 2－2 所示.试求该企业每季度的总成本分类表.

表 2－1　　　　　　　　　A、B、C 三种产品的成本　　　　　　　　　单位:元

成本	产品 A	产品 B	产品 C
原材料费用	0.2	0.30	0.15
劳动费用	0.30	0.40	0.20
企业管理费用	0.10	0.25	0.60

表 2－2　　　　　　　　A、B、C 三种产品各季度的生产数量　　　　　　　单位:件

产品	春	夏	秋	冬
A	4 500	4 000	4 000	4 500
B	2 500	2 000	2 700	2 600
C	5 000	5 400	5 600	5 800

解　将该实际问题转化为矩阵的计算问题，表 2－1 与表 2－1 两张表格的数据分别表示为每件产品的成本矩阵为 P，季度产量矩阵为 Q，那么就有：

$$P=\begin{pmatrix} 0.20 & 0.30 & 0.15 \\ 0.30 & 0.40 & 0.20 \\ 0.10 & 0.25 & 0.60 \end{pmatrix}, Q=\begin{pmatrix} 4\,500 & 4\,000 & 4\,000 & 4\,500 \\ 2\,500 & 2\,000 & 2\,700 & 2\,600 \\ 5\,000 & 5\,400 & 5\,600 & 5\,800 \end{pmatrix}$$

我们要计算的 A 企业每季度的总成本可以表示成矩阵 H，已知

$$H=PQ$$

通过矩阵的乘法运算得到

$$H=\begin{pmatrix} 2\,400 & 2\,210 & 2\,450 & 2\,550 \\ 3\,350 & 3\,080 & 3\,400 & 3\,550 \\ 4\,075 & 4\,140 & 4\,435 & 4\,580 \end{pmatrix}$$

由上述计算结果可得每个季度总成本分类如表 2 - 3 所示：

表 2 - 3 　　　　　　　　　A、B、C 三种产品各季度的总成本分类　　　　　单位：元

成本（元）	春	夏	秋	冬	全年
原材料费用	2 400	2 210	2 450	2 550	9 610
劳动费用	3 350	3 080	3 400	3 550	13 380
企业管理费用	4 075	4 140	4 435	4 580	17 230
总成本费用	9 825	9 430	10 285	10 680	40 220

这样，我们就利用矩阵的乘法把多个数据表汇总成一个数据表，从而比较直观地反映了该工厂的生产成本.

二、人口流动问题

随着社会的不断进步与发展，大量的农村人口转移到城市工作，从事各种工作. 利用矩阵的相关内容可以预测若干年后从事各行业工作的人口变化趋势. 下面通过一个简单的实例来说明该内容.

例 2 假设某个城镇共有 50 万人，分别从事农业种植、外出打工、在本地工作，假设该城镇的总人数在若干年内保持不变，然而有一项调查情况如下：

在这 50 万就业的人员中，到目前为止大约有 25 万人从事农业种植工作，大约有 18 万人外出打工，大约有 7 万人在本地工作；

在从事农业种植的人员中，每年大约有 15% 成为外出打工的人员，大约有 10% 通过学习科学技能成为本地的工作人员；

在外出打工的人员中，每年大约有 10% 回来从事农业种植工作，大约有 10% 成为本地的工作人员；

在本地工作的人员中，每年大约有 10% 成为农业种植人员，大约有 15% 选择外出打工；

现在想知道一年后和二年后各行业人员的人数情况以及经过若干年之后，各行业人员总数的变化趋势.

解 用三维向量 $(x_i, y_i, z_i)^T$ 来表示第 i 年之后从事这三种行业的总人数，从已知条件可知 $(x_0, y_0, z_0)^T = (25 \quad 18 \quad 7)^T$，而所要求的为 $(X_1 \quad Y_1 \quad Z_1)^T$，$(X_2 \quad Y_2 \quad Z_2)^T$ 并考察当 $n \to \infty$ 时 $(X_n \quad Y_n \quad Z_n)^T$ 的变化趋势.

依根据题意，一年后，从事农业种植、外出打工、在本地工作的人员总数应为

$$\begin{cases} X_1 = 0.8x_0 + 0.1y_0 + 0.1z_0 \\ Y_1 = 0.15x_0 + 0.7y_0 + 0.15z_0 \\ Z_1 = 0.1x_0 + 0.1y_0 + 0.8z_0 \end{cases}$$

即
$$\begin{pmatrix} X_1 \\ Y_1 \\ Z_1 \end{pmatrix} = \begin{pmatrix} 0.8 & 0.1 & 0.1 \\ 0.15 & 0.15 & 0.7 \\ 0.1 & 0.1 & 0.8 \end{pmatrix} \begin{pmatrix} x_0 \\ y_0 \\ z_0 \end{pmatrix} = A \begin{pmatrix} x_0 \\ y_0 \\ z_0 \end{pmatrix}$$

以 $(x_0, y_0, z_0)^T = (25 \quad 18 \quad 7)^T$ 代入上式，可得 $\begin{pmatrix} X_1 \\ Y_1 \\ Z_1 \end{pmatrix} = \begin{pmatrix} 22.5 \\ 11.35 \\ 9.9 \end{pmatrix}$

即一年后各行业人员的人数分别为 22.5 万人、11.35 万人、9.9 万人.

同理
$$\begin{pmatrix} X_2 \\ Y_2 \\ Z_2 \end{pmatrix} = A \begin{pmatrix} X_1 \\ Y_1 \\ Z_1 \end{pmatrix} = A^2 \begin{pmatrix} X_0 \\ Y_0 \\ Z_0 \end{pmatrix} = \begin{pmatrix} 20.125 \\ 12.008 \\ 11.305 \end{pmatrix}$$

即两年后各行业人员的人数分别为 20.125 万人、12.008 万人和 11.305 万人.

进而推得
$$\begin{pmatrix} X_n \\ Y_n \\ Z_n \end{pmatrix} = A \begin{pmatrix} X_{n-1} \\ Y_{n-1} \\ Z_{n-1} \end{pmatrix} = A^n \begin{pmatrix} X_0 \\ Y_0 \\ Z_0 \end{pmatrix}$$

即 n 年之后各业人员的人数完全由 A^n 决定.

在这个问题的求解过程中，我们应用到矩阵的乘法、转置等，将一个实际问题数学化，进而解决了实际生活中的人口流动问题.这个问题看似复杂，但通过对矩阵的正确应用，我们成功地将其解决.

三、Hill 密码

密码学在经济和军事方面都有着极其重要的作用.在密码学中将信息代码称为密码，没有转换成密码的文字信息称为明文，把用密码表示的信息称为密文.从明文转换为密文的过程叫加密，反之则为解密.现在密码学涉及很多高深的数学知识.

1929 年，希尔（Hill）通过矩阵理论对传输信息进行加密处理，提出了在密码学史上有重要地位的希尔加密算法.下面我们介绍一下这种算法的基本思想.

假设我们要发出"attack"这个消息.首先把每个字母 $a,b,c,d\cdots\cdots x,y,z$ 映射到数 $1,2,3,4\cdots\cdots24,25,26$. 例如 1 表示 a，3 表示 c，20 表示 t，11 表示 k，另外用 0 表示空格，用 27 表示句号等.于是可以用以下数集来表示消息"attack"：

$\{1, \quad 20, \quad 20, \quad 1, \quad 3, \quad 11\}$

把这个消息按列写成矩阵的形式：

$$M = \begin{pmatrix} 1 & 1 \\ 20 & 3 \\ 20 & 11 \end{pmatrix}$$

第一步："加密"工作.现在任选一个三阶的可逆矩阵，例如：

$$A = \begin{pmatrix} 1 & 2 & 3 \\ 1 & 1 & 2 \\ 0 & 1 & 2 \end{pmatrix}$$

于是可以把将要发出的消息或者矩阵经过乘以 A 变成"密码"(B)后发出.

$$AM = \begin{pmatrix} 1 & 2 & 3 \\ 1 & 1 & 2 \\ 0 & 1 & 2 \end{pmatrix} \begin{pmatrix} 1 & 1 \\ 20 & 3 \\ 20 & 11 \end{pmatrix} = \begin{pmatrix} 101 & 40 \\ 61 & 26 \\ 60 & 25 \end{pmatrix} = B$$

第二步:"解密".解密是加密的逆过程,这里要用到矩阵 A 的逆矩阵 A^{-1},这个可逆矩阵称为解密的钥匙,或称为"密匙".当然矩阵 A 是通信双方都知道的.即用

$$A^{-1} = \begin{pmatrix} 0 & 1 & -1 \\ 2 & -2 & -1 \\ -1 & 1 & 1 \end{pmatrix}$$

从密码中解出明码:

$$A^{-1}B = \begin{pmatrix} 0 & 1 & -1 \\ 2 & -2 & -1 \\ -1 & 1 & 1 \end{pmatrix} \begin{pmatrix} 101 & 40 \\ 61 & 26 \\ 60 & 25 \end{pmatrix} = \begin{pmatrix} 1 & 1 \\ 20 & 3 \\ 20 & 11 \end{pmatrix} = M$$

通过反查字母与数字的映射,即可得到消息"*attack*".

在实际应用中,可以选择不同的可逆矩阵,不同的映射关系,也可以把字母对应的数字进行不同的排列得到不同的矩阵,这样就有多种加密和解密的方式,从而保证了信息传递的秘密性.上述例子是矩阵乘法与逆矩阵的应用,将高等代数与密码学紧密结合起来.运用数学知识破译密码,这一方法后来被运用到军事等方面,可见矩阵的作用是何其强大.

习题二

1. 已知 $A = \begin{pmatrix} 1 & 3 \\ 2 & -1 \end{pmatrix}$,$B = \begin{pmatrix} 3 & 0 \\ 1 & 2 \end{pmatrix}$,求下列矩阵

(1)$3A - 5B$ (2)$AB - BA$.

2. 已知矩阵 $A = BC$,其中 $B = \begin{pmatrix} 1 \\ 2 \\ 1 \end{pmatrix}$,$C = (2, -1, 2)$,求 A^3.

3. 已知 $A = \begin{pmatrix} -1 & 3 & 0 \\ 0 & 4 & 2 \end{pmatrix}$,$B = \begin{pmatrix} 4 & 1 \\ 2 & 5 \\ 3 & 4 \end{pmatrix}$,$C = \begin{pmatrix} 2 & -1 \\ 4 & 2 \end{pmatrix}$,求 $(ABC)^T$.

4. 设 $A = \begin{pmatrix} 3 & 7 & -3 \\ -2 & -5 & 2 \\ -4 & -10 & 3 \end{pmatrix}$,

（1）求 A 的伴随矩阵 A^*,并验证 $AA^* = A^*A = |A|E$

A 是否可逆? 若可逆,求 A^{-1}.

5. 设 $A = \begin{pmatrix} 1 & 1 & 1 \\ 1 & 2 & 1 \\ 1 & 1 & 3 \end{pmatrix}$,求 A^{-1}.

6. 解矩阵方程 $A^2 - AX = E$,其中 $A = \begin{pmatrix} 1 & 1 & -1 \\ 0 & 1 & 1 \\ 0 & 0 & -1 \end{pmatrix}$,$E$ 为 3 阶单位方阵.

7. 求解矩阵方程 $AX = B$,其中 $A = \begin{pmatrix} 0 & 2 & -1 \\ 1 & 1 & 2 \\ -1 & -1 & -1 \end{pmatrix}$,$B = \begin{pmatrix} 2 & 0 \\ 4 & 0 \\ 1 & 1 \end{pmatrix}$.

8. 已知 $A = \begin{pmatrix} 1 & -1 & 0 \\ 0 & 1 & 2 \\ 2 & 0 & 1 \end{pmatrix}$,三阶矩阵 X 满足 $A^2 X = 2E + AX$,求矩阵 X.

9. 某工厂生产三种产品 A、B、C. 每种产品的原料费、支付员工工资、管理费和其他费用等见表 2 - 4,每季度生产每种产品的数量见表 2 - 5. 计算 A、B、C 三种产品各季度的总成本.

表 2 - 4　　　　　　　　生产单位产品的成本　　　　　　　　单位:元

成本	产品		
	A	B	C
原料费用	10	20	15
支付工资	30	40	20
管理及其他费用	10	15	10

表 2 - 5　　　　　　　　每种产品各季度产量　　　　　　　　单位:件

产品	季度			
	春季	夏季	秋季	冬季
A	2 000	3 000	2 500	2 000
B	2 800	4 800	3 700	3 000
C	2 500	3 500	4 000	2 000

10. 假设某个城镇有 40 万人从事农业种植、外出务工、本地工作工作,假定这个

总人数在若干年内保持不变,而社会调查表明:

（1）在这 40 万人员中,目前约有 25 万人从事农业种植,10 万人外出务工,5 万人在本地工作;

（2）在从事农业种植的人员中,每年约有 10% 改为外出务工,10% 改为本地工作;

（3）在外出务工的人员中,每年约有 10% 改为农业种植,20% 改为本地工作;

（4）在本地工作的人员中,每年约有 10% 改为农业种植,20% 改为外出务工.

现欲预测一、二年后从事各行业人员的人数以及经过多年之后,从事各业人员总数之发展趋势.

11. 设收到的信号为 $Q = (14 \quad 28 \quad 32)^T$,并已知加密矩阵为 $A = \begin{pmatrix} -1 & 0 & 2 \\ 0 & 1 & 2 \\ 1 & 1 & 2 \end{pmatrix}$, 问原信号 B 是什么?

第三章　　线性方程组

引言:线性方程组在现实生活中有着广泛的运用,在工程学、计算机科学、物理学、数学、生物学、经济学、统计学、力学、信号与信号处理、系统控制、通信、航空等学科和领域都起着重要作用.在一些学科领域的研究中,线性方程组也有着不可撼动的辅助性作用,在实验和调查后期利用线性方程组处理大量的数据是很方便简洁的选择.本章我们介绍线性方程组的相关概念以及解法,在此基础上解决实际生活中的一些问题.

第一节　　消元法

例1　用消元法求解线性方程组

$$\begin{cases} 2x_1 + 2x_2 - x_3 = 6 \\ x_1 - 2x_2 + 4x_3 = 3 \\ 5x_1 + 7x_2 + x_3 = 28 \end{cases}.$$

解　为观察消元过程,我们将消元过程中每个步骤的方程组及其对应的矩阵一并列出:

$$\begin{cases} 2x_1 + 2x_2 - x_3 = 6 \\ x_1 - 2x_2 + 4x_3 = 3 \\ 5x_1 + 7x_2 + x_3 = 28 \end{cases} \textcircled{1} \overset{\text{对应}}{\longleftrightarrow} \begin{pmatrix} 2 & 2 & -1 & \vdots & 6 \\ 1 & -2 & 4 & \vdots & 3 \\ 5 & 7 & 1 & \vdots & 28 \end{pmatrix} \textcircled{1}$$

$$\rightarrow \begin{cases} 2x_1 + 2x_2 - x_3 = 6 \\ -3x_2 + \dfrac{9}{2}x_3 = 0 \\ 2x_2 + \dfrac{7}{2}x_3 = 13 \end{cases} \textcircled{2} \longleftrightarrow \begin{pmatrix} 2 & 2 & -1 & 6 \\ 0 & -3 & \dfrac{9}{2} & 0 \\ 0 & 2 & \dfrac{7}{2} & 13 \end{pmatrix} \textcircled{2}$$

$$\rightarrow \begin{cases} 2x_1 + 2x_2 - x_3 = 6 \\ -3x_2 + \dfrac{9}{2}x_3 = 0 \\ \dfrac{13}{2}x_3 = 13 \end{cases} \textcircled{3} \longleftrightarrow \begin{pmatrix} 2 & 2 & -1 & 6 \\ 0 & -3 & \dfrac{9}{2} & 0 \\ 0 & 0 & \dfrac{13}{2} & 13 \end{pmatrix} \textcircled{3}$$

$$\rightarrow \begin{cases} 2x_1 + 2x_2 - x_3 = 6 \\ \quad\ -3x_2 + \dfrac{9}{2}x_3 = 0 \quad ④ \\ \qquad\qquad\ \ x_3 = 2 \end{cases} \longleftrightarrow \begin{pmatrix} 2 & 2 & -1 & 6 \\ 0 & -3 & \dfrac{9}{2} & 0 \\ 0 & 0 & 1 & 2 \end{pmatrix} ④$$

从最后一个方程得到 $x_3 = 2$,将其带入第二个方程可得到 $x_2 = 3$,再将 $x_3 = 2$ 与 $x_2 = 3$ 一起带入第一个方程得到 $x_1 = 1$. 因此,所求方程的解为 $x_1 = 1, x_2 = 3, x_3 = 2$.

通常把 ① ～ ④ 称为**消元过程**,矩阵 ④ 是行阶梯形矩阵,与之对应的方程组 ④ 称为行阶梯形方程组.

从上述解题过程可以看出,用消元法求解线性方程组的具体做法就是对方程组反复实施以下三种变换:

(1) 交换某两个方程的位置;

(2) 用一个非零数乘某个方程的两边;

(3) 将一个方程的倍数加到另一个方程上去.

以上这三种变换称为**线性方程组的初等变换**. 而消元法的目的就是利用方程组的初等变换将原方程组化为阶梯形方程组,显然这个阶梯形方程组与原线性方程组同解,解这个阶梯形方程组得原方程组的解. 如果用矩阵表示其系数及常数项,则将原方程组化为行阶梯形方程组的过程就是将对应矩阵化为行阶梯形矩阵的过程.

设有线性方程组

$$\begin{cases} a_{11}x_1 + a_{12}x_2 + \cdots + a_{1n}x_n = b_1 \\ a_{21}x_1 + a_{22}x_2 + \cdots + a_{2n}x_n = b_2 \\ \cdots \\ a_{m1}x_1 + a_{m2}x_2 + \cdots + a_{mn}x_n = b_m \end{cases} \quad (3.1)$$

其矩阵形式为 $\qquad\qquad\qquad\qquad Ax = b \qquad\qquad\qquad\qquad\qquad (3.2)$

其中 $\qquad A = \begin{pmatrix} a_{11} & a_{12} & \cdots & a_{1n} \\ a_{21} & a_{22} & \cdots & a_{2n} \\ \vdots & \vdots & & \vdots \\ a_{m1} & a_{m2} & \cdots & a_{mn} \end{pmatrix}, x = \begin{pmatrix} x_1 \\ x_2 \\ \vdots \\ x_n \end{pmatrix}, b = \begin{pmatrix} b_1 \\ b_2 \\ \vdots \\ b_m \end{pmatrix}.$

$$\overline{A} = \begin{pmatrix} a_{11} & a_{12} & \cdots & a_{1n} & b_1 \\ a_{21} & a_{22} & \cdots & a_{2n} & b_2 \\ \vdots & \vdots & & \vdots & \vdots \\ a_{m1} & a_{m2} & \cdots & a_{mn} & b_m \end{pmatrix}$$

称 A 为方程组的**系数矩阵**,称 $(A \quad b)$ 为线性方程组的**增广矩阵**,记为 $\overline{A}$ 或 $(A \vdots b)$.

当 $b_i = 0 (i = 1, 2, \cdots, m)$ 时,线性方程组 (3.1) 称为**齐次线性方程组**;否则称为非**齐次线性方程组**. 显然,齐次线性方程组的矩阵形式为

$$Ax = 0. \tag{3.3}$$

定理 3.1　设 $A = (a_{ij})_{m \times n}$，$n$ 元齐次线性方程组 $Ax = 0$ 有非零解的充要条件是其系数阵 A 的秩 $r(A) < n$.

证明　必要性. 设方程组 $Ax = 0$ 有非零解.

设 $r(A) = n$，则在 A 中应有一个 n 阶非零子式 D_n. 根据克莱姆法则，D_n 所对应的 n 个方程只有零解，与假设矛盾，故 $r(A) < n$.

充分性. 设 $r(A) = s < n$，则 A 的行阶梯形矩阵只含有 s 个非零行，从而知其有 $n - s$ 个自由未知量. 任取一个自由未知量为 1，其余自由未知量 0，即可得到方程组的一个非零解.

定理 3.2　设 $A = (a_{ij})_{m \times n}$，$n$ 元非齐次线性方程组 $Ax = b$ 有解的充要条件是其系数矩阵 A 的秩等于增广矩阵 $\overline{A} = (A \ b)$ 的秩，即 $r(A) = r(\overline{A})$.

证明　必要性. 设方程组 $Ax = b$ 有解，但是 $r(A) < r(\overline{A})$，则 $\overline{A}$ 的行阶梯形矩阵中最后一个非零行是矛盾方程，这与方程组有解矛盾，因此 $r(A) = r(\overline{A})$.

充分性. $r(A) = r(\overline{A}) = s (s \leq n)$，则 $\overline{A}$ 的行阶梯形矩阵中含有 s 个非零行，把这 s 行的第一个非零元所对应的未知量作为非自由量，其余 $n - s$ 个作为自由未知量，并令这 $n - s$ 个自由未知量全为零，即可得到方程组的一个解.

注：定理 3.2 的证明实际上给出了求解线性方程组(3.1)的方法. 此外，若记 $\overline{A} = (A \ b)$，则上述定理的结果可简要总结如下：

(1) $r(A) = r(\overline{A}) = n$，当且仅当 $Ax = b$ 有唯一解；

(2) $r(A) = r(\overline{A}) < n$，当且仅当 $Ax = b$ 有无穷多解；

(3) $r(A) \neq r(\overline{A})$，当且仅当 $Ax = b$ 无解；

(4) $r(A) = n$，当且仅当 $Ax = 0$ 只有零解；

(5) $r(A) < n$，当且仅当 $Ax = 0$ 有非零解.

对非齐次线性方程组，将其增广矩阵 $\overline{A}$ 化为行阶梯形矩阵，便可直接判断其是否有解，若有解，化为行最简形矩阵，便可直接写出其全部解. 其中要注意，当 $r(A) = r(\overline{A}) < n$ 时，$\overline{A}$ 的行阶梯形矩阵中含有 s 个非零，把这 s 行的第一个非零元所对应的未知量作为非零自由量，其余 $n - s$ 个作为自由未知量.

例 2　判断齐次线性方程组 $\begin{cases} x_1 + x_2 + x_3 + x_4 + x_5 = 0 \\ 3x_1 + 2x_2 + x_3 + x_4 - 3x_5 = 0 \\ x_2 + 2x_3 + 2x_4 + 6x_5 = 0 \\ 5x_1 + 4x_2 + 3x_3 + 3x_4 - x_5 = 0 \end{cases}$ 解的情况.

解　对系数矩阵 A 进行行初等变换，得

$$A = \begin{pmatrix} 1 & 1 & 1 & 1 & 1 \\ 3 & 2 & 1 & 1 & -3 \\ 0 & 1 & 2 & 2 & 6 \\ 5 & 4 & 3 & 3 & -1 \end{pmatrix} \xrightarrow[r_4 - 5r_1]{r_2 - 3r_1} \begin{pmatrix} 1 & 1 & 1 & 1 & 1 \\ 0 & -1 & -2 & -2 & -6 \\ 0 & 1 & 2 & 2 & 6 \\ 0 & -1 & -2 & -2 & -6 \end{pmatrix}$$

$$\xrightarrow[r_4 - r_2]{r_3 + r_2} \begin{pmatrix} 1 & 1 & 1 & 1 & 1 \\ 0 & -1 & -2 & -2 & -6 \\ 0 & 0 & 0 & 0 & 0 \\ 0 & 0 & 0 & 0 & 0 \end{pmatrix} \xrightarrow{r_1 + r_2} \begin{pmatrix} 1 & 0 & -1 & -1 & -5 \\ 0 & -1 & -2 & -2 & 6 \\ 0 & 0 & 0 & 0 & 0 \\ 0 & 0 & 0 & 0 & 0 \end{pmatrix}$$

$$\xrightarrow{(-1) \times r_2} \begin{pmatrix} 1 & 0 & -1 & -1 & -5 \\ 0 & 1 & 2 & 2 & -6 \\ 0 & 0 & 0 & 0 & 0 \\ 0 & 0 & 0 & 0 & 0 \end{pmatrix}$$

由于 $r(A) = 2 < 5$，所以方程组有无穷解.

例3　判断下列方程组是否有解，若有解，则求出其解.

$$(1) \begin{cases} x_1 + 2x_2 + x_3 = 4 \\ 2x_1 + 2x_2 - 3x_3 = 9 \\ 3x_1 + 9x_2 + 2x_3 = 19 \end{cases} ; \qquad (2) \begin{cases} x_1 + x_2 - x_3 = 4 \\ -x_1 - x_2 + x_3 = 1 \\ x_1 - x_2 + 2x_3 = -4 \end{cases}$$

解　（1）对增广矩阵 $\bar{A}$ 进行行初等变换，得

$$\bar{A} = \begin{pmatrix} 1 & 2 & 1 & 4 \\ 2 & 2 & -3 & 9 \\ 3 & 9 & 2 & 19 \end{pmatrix} \xrightarrow[r_3 - 3r_1]{r_2 - 2r_1} \begin{pmatrix} 1 & 2 & 1 & 4 \\ 0 & -2 & -5 & 1 \\ 0 & 3 & -1 & 7 \end{pmatrix}$$

$$\xrightarrow[r_3 + \frac{3}{2}r_2]{r_1 + r_2} \begin{pmatrix} 1 & 0 & -4 & 5 \\ 0 & -2 & -5 & 1 \\ 0 & 0 & -\dfrac{17}{2} & \dfrac{17}{2} \end{pmatrix} \xrightarrow[\left(-\frac{1}{2}\right) \times r_2]{\left(-\frac{2}{17}\right) \times r_3} \begin{pmatrix} 1 & 0 & -4 & 5 \\ 0 & 1 & \dfrac{5}{2} & -\dfrac{1}{2} \\ 0 & 0 & 1 & -1 \end{pmatrix}$$

$$\xrightarrow[r_1 + 4r_3]{r_2 - \frac{5}{2}r_3} \begin{pmatrix} 1 & 0 & 0 & 1 \\ 0 & 1 & 0 & 2 \\ 0 & 0 & 1 & -1 \end{pmatrix}$$

即 $r(A) = r(\bar{A}) = 3$；所以方程组有解，且有唯一解：$x_1 = 1, x_2 = 2, x_3 = -1$.

（2）对增广矩阵 $\bar{A}$ 进行行初等变换，得

$$\bar{A} = \begin{pmatrix} 1 & 1 & -1 & 4 \\ -1 & -1 & 1 & 1 \\ 1 & -1 & 2 & -4 \end{pmatrix} \xrightarrow[r_3 - r_1]{r_2 + r_1} \begin{pmatrix} 1 & 1 & -1 & 4 \\ 0 & 0 & 0 & 5 \\ 0 & -2 & 3 & -8 \end{pmatrix}$$

$$\xrightarrow{r_2 \leftrightarrow r_3} \begin{pmatrix} 1 & 1 & -1 & 4 \\ 0 & -2 & 3 & -8 \\ 0 & 0 & 0 & 5 \end{pmatrix}$$

可见，$r(A) = 2, r(\bar{A}) = 3$，所以方程组无解.

例 4 解线性方程组 $\begin{cases} x_1 + 5x_2 - x_3 - x_4 = -1 \\ x_1 - 2x_2 + x_3 + 3x_4 = 3 \\ 3x_1 + 8x_2 - x_3 + x_4 = 1 \\ x_1 - 9x_2 + 3x_3 + 7x_4 = 7 \end{cases}$.

解 对增广矩阵 $\bar{A}$ 进行行初等变换

$$\bar{A} = (A\ b) = \begin{pmatrix} 1 & 5 & -1 & -1 & -1 \\ 1 & -2 & 1 & 3 & 3 \\ 3 & 8 & -1 & 1 & 1 \\ 1 & -9 & 3 & 7 & 7 \end{pmatrix} \to \begin{pmatrix} 1 & 5 & -1 & -1 & -1 \\ 0 & -7 & 2 & 4 & 4 \\ 0 & -7 & 2 & 4 & 4 \\ 0 & -14 & 4 & 8 & 8 \end{pmatrix}$$

$$\to \begin{pmatrix} 1 & 5 & -1 & -1 & -1 \\ 0 & -7 & 2 & 4 & 4 \\ 0 & 0 & 0 & 0 & 0 \\ 0 & 0 & 0 & 0 & 0 \end{pmatrix} \to \begin{pmatrix} 1 & 5 & -1 & -1 & -1 \\ 0 & 1 & -2/7 & -4/7 & -4/7 \\ 0 & 0 & 0 & 0 & 0 \\ 0 & 0 & 0 & 0 & 0 \end{pmatrix}$$

因为 $r(A) = r(\bar{A}) < 4$,故方程组有无穷多解. 利用上面最后一个矩阵进行回代得到

$$\bar{A} = (A\ b) = \begin{pmatrix} 1 & 5 & -1 & -1 & -1 \\ 0 & 1 & -2/7 & -4/7 & -4/7 \\ 0 & 0 & 0 & 0 & 0 \\ 0 & 0 & 0 & 0 & 0 \end{pmatrix}$$

该矩阵对应的方程组为

$$\begin{cases} x_1 = \dfrac{13}{7} - \dfrac{3}{7}x_3 - \dfrac{13}{7}x_4 \\ x_2 = -\dfrac{4}{7} + \dfrac{2}{7}x_3 + \dfrac{4}{7}x_4 \end{cases}$$

取 $x_3 = c_1, x_4 = c_2$(其中 c_1, c_2 为任意常数),则方程组的全部解为

$$\begin{cases} x_1 = \dfrac{13}{7} - \dfrac{3}{7}c_1 - \dfrac{13}{7}c_2 \\ x_2 = -\dfrac{4}{7} + \dfrac{2}{7}c_1 + \dfrac{4}{7}c_2 \\ x_3 = c_1 \\ x_4 = c_2 \end{cases}$$

例 5 讨论线性方程组

$$\begin{cases} x_1 + x_2 + 2x_3 + 3x_4 = 1 \\ x_1 + 3x_2 + 6x_3 + x_4 = 3 \\ 3x_1 - x_2 - px_3 + 15x_4 = 3 \\ x_1 - 5x_2 + 10x_3 + 12x_4 = t \end{cases}$$

当 p, t 取何值时,方程组无解? 有唯一解? 有无穷多解? 在方程组有无穷多解的情况下,求出全部解.

解 $\bar{A} = \begin{pmatrix} 1 & 1 & 2 & 3 & 1 \\ 1 & 3 & 6 & 1 & 3 \\ 3 & -1 & -p & 15 & 3 \\ 1 & -5 & -10 & 12 & t \end{pmatrix} \rightarrow \begin{pmatrix} 1 & 1 & 2 & 3 & 1 \\ 0 & 2 & 4 & -2 & 2 \\ 0 & -4 & -p-6 & 6 & 0 \\ 0 & -6 & -12 & 9 & t-1 \end{pmatrix}$

$$\rightarrow \begin{pmatrix} 1 & 1 & 2 & 3 & 1 \\ 0 & 1 & 2 & -1 & 1 \\ 0 & 0 & -p+2 & 2 & 4 \\ 0 & 0 & 0 & 3 & t+5 \end{pmatrix}$$

(1) 当 $p \neq 2$ 时,$r(A) = r(\bar{A}) = 4$,方程组有唯一解.

(2) 当 $p = 2$ 时,有

$$\bar{A} \rightarrow \begin{pmatrix} 1 & 1 & 2 & 3 & 1 \\ 0 & 1 & 2 & -1 & 1 \\ 0 & 0 & 0 & 2 & 4 \\ 0 & 0 & 0 & 3 & t+5 \end{pmatrix} \rightarrow \begin{pmatrix} 1 & 1 & 2 & 3 & 1 \\ 0 & 1 & 2 & -1 & 1 \\ 0 & 0 & 0 & 1 & 2 \\ 0 & 0 & 0 & 0 & t-1 \end{pmatrix}$$

当 $t \neq 1$ 时,$r(A) = 3 < r(\bar{A}) = 4$,方程组无解;

当 $t = 1$ 时,$r(A) = r(\bar{A}) = 3$,方程组有无穷多解.

$$\bar{A} \rightarrow \begin{pmatrix} 1 & 1 & 2 & 3 & 1 \\ 0 & 1 & 2 & -1 & 1 \\ 0 & 0 & 0 & 1 & 2 \\ 0 & 0 & 0 & 0 & t-1 \end{pmatrix} \rightarrow \begin{pmatrix} 1 & 1 & 2 & 3 & 1 \\ 0 & 1 & 2 & -1 & 1 \\ 0 & 0 & 0 & 1 & 2 \\ 0 & 0 & 0 & 0 & 0 \end{pmatrix} \rightarrow \begin{pmatrix} 1 & 0 & 0 & 0 & -8 \\ 0 & 1 & 2 & 0 & 3 \\ 0 & 0 & 0 & 1 & 2 \\ 0 & 0 & 0 & 0 & 0 \end{pmatrix} \text{从而}$$

有 $\begin{cases} x_1 = -8 \\ x_2 + 2x_3 = 3 \\ x_4 = 2 \end{cases}$,令 $x_3 = c$,则原方程组的全部解为

$$\begin{pmatrix} x_1 \\ x_2 \\ x_3 \\ x_4 \end{pmatrix} = c \begin{pmatrix} 0 \\ -2 \\ 1 \\ 0 \end{pmatrix} + \begin{pmatrix} -8 \\ 3 \\ 0 \\ 2 \end{pmatrix} (c \text{ 为任意实数}).$$

对方程组进行初等变换,其实质是对方程组中未知量系数和常数项组成的矩阵 $\bar{A}$ 进行行初等变换化为 $\bar{B}$,则以 $\bar{B}$ 为增广矩阵的线性方程组与原方程组同解.

第二节 n 维向量及其线性相关性

定义 3.1 n 个有次序的数 $a_1, a_2, \cdots, a_n$ 所组成的数组称为 n 维向量,这 n 个数称

为该向量的 n 个分量,第 i 个数 a_i 称为第 i 个分量.

分量全为实数的向量称为实向量,分量为复数的向量称为复向量,除非特别声明,本书一般只讨论实向量.

定义 3.2　(1) $n \times 1$ 矩阵 $\begin{pmatrix} b_1 \\ b_2 \\ \vdots \\ b_n \end{pmatrix}$ 称为列矩阵,也称为列向量.

(2) $1 \times n$ 矩阵 $(a_1, a_2, \cdots, a_n)$ 称作行矩阵,也称为行向量.

行向量与列向量统称作向量,有时也称作点或点的坐标,n 维向量也叫作 n 元有序数组.

向量一般用希腊字母 α, β, γ 等表示,而用带有下标的拉丁字母 a_i, b_j 或 c_k 等表示向量的分量.

所有分量都是零的向量称为零向量,零向量 $0 = (0, 0, 0 \cdots, 0)$.

定义 3.3　两个 n 维向量 $\alpha = (a_1, a_2, \cdots, a_n)$ 与 $\beta = (b_1, b_2, \cdots, b_n)$ 对应的分量之和构成的向量为向量 α 与 β 的的和,记作 $\alpha + \beta$,即 $\alpha + \beta = (a_1 + b_1, a_2 + b_2, \cdots, a_n + b_n)$.

由向量 $\alpha = (a_1, a_2, \cdots, a_n)$ 各分量的相反数所构成的向量称为 α 的负向量,记作 $-\alpha = (-a_1, -a_2, \cdots, -a_n)$.那么由定义 3.3 可定义向量的减法,

即　　　　　　　　$\alpha - \beta = (a_1 - b_2, a_2 - b_2, \cdots, a_n - b_n)$.

定义 3.4　设 k 为任一实数,则 k 与 n 维向量 $\alpha = (a_1, a_2, \cdots, a_n)$ 的各个分量的乘积所构成向量,称为数 k 与向量 α 的乘积,简称数乘,记作 $k\alpha$,即 $k\alpha = (ka_1, ka_2, \cdots, ka_n)$.

向量的加法及数乘运算统称为向量的线性运算,它们满足下列的运算性质:(下列各式中 α, β, γ 为 n 维向量,k, l 表示数)

(1) $\alpha + \beta = \beta + \alpha$;

(2) $(\alpha + \beta) + \gamma = \alpha + (\beta + \gamma)$;

(3) $\alpha + 0 = \alpha$;

(4) $\alpha + (-\alpha) = 0$;

(5) $1 \times \alpha = \alpha$;

(6) $k(\alpha + \beta) = k\alpha + k\beta$;

(7) $(k + l)\alpha = k\alpha + l\alpha$;

(8) $k(la) = (kl)\alpha$.

例 1　设 $\alpha = (-1, 4, 0, -2)$,$\beta = (-3, -1, 2, 5)$,求满足 $3\alpha - 2\beta + \gamma = 0$ 的向量 γ.

解　由已知条件 $3\alpha - 2\beta + \gamma = 0$ 可得

$\gamma = 2\beta - 3\alpha$

$$= 2(-3, -1, 2, 5) - 3(-1, 4, 0, -2)$$
$$= (-3, -14, 4, 16).$$

例 2 某证券公司两天的交易量(单位:亿元)按股票、基金、债券的顺序用向量表示为第一天 $\alpha_1 = (3, 1, 0, 5)$,第二天 $\alpha_2 = (5, 2, 0, 5)$,则两天各券种成交量的和为

$$\alpha_1 + \alpha_2 = (3, 1, 0, 5) + (5, 2, 0, 5)$$
$$= (8, 3, 0, 10)$$

第三节　向量组的线性相关性

一、线性相关性概念

为了研究向量与向量之间的关系,先给出向量组的概念.

若干个同维数的列向量(或同维数的行向量)所组成的集合称为向量组.

定义 3.5 对于 n 维向量 β 及向量组 $\alpha_1, \alpha_2, \cdots, \alpha_m$,如果存在一组数 $k_1, k_2, \cdots, k_m$,使得 $\beta = k_1\alpha_1 + k_2\alpha_2 + \cdots + k_m\alpha_m$ 成立,则称向量 β 是向量组 $\alpha_1, \alpha_2, \cdots, \alpha_m$ 的一个线性组合,或称向量 β 可以由向量组 $\alpha_1, \alpha_2, \cdots, \alpha_m$ 线性表示,同时称 $k_1, k_2, \cdots, k_m$ 为这个线性组合的系数.

例 1 设向量 $\alpha_1 = (1, 0, 0), \alpha_2 = (0, 1, 1), \alpha_3 = (2, 5, 5)$,很显然有 $\alpha_3 = 2\alpha_1 + 5\alpha_2$,这时我们称向量 α_3 是向量 α_1, α_2 的线性组合.

例 2 零向量可由任一组向量 $\alpha_1, \alpha_2, \cdots, \alpha_m$ 线性表示,因为 $0 = 0\alpha_1 + 0\alpha_2 + \cdots + 0\alpha_m$.

例 3 单位矩阵 E_n 的 n 个列被称为 n 维单位向量,记为 $E_n = (e_1, e_2, \cdots, e_n)$,

其中
$$e_1 = \begin{pmatrix} 1 \\ 0 \\ 0 \\ \vdots \\ 0 \end{pmatrix}, e_2 = \begin{pmatrix} 0 \\ 1 \\ 0 \\ \vdots \\ 0 \end{pmatrix}, \cdots, e_n = \begin{pmatrix} 0 \\ 0 \\ \vdots \\ 0 \\ 1 \end{pmatrix}.$$

显然任一 n 维向量 α 都可以由 n 维单位向量线性表示. 若 $\alpha = \begin{pmatrix} a_1 \\ a_2 \\ \vdots \\ a_n \end{pmatrix}$,则有

$$\alpha = a_1 e_1 + a_2 e_2 + \cdots + a_n e_n.$$

定义 3.6 对于 n 维向量组 $\alpha_1, \alpha_2, \cdots, \alpha_m$,若存在一组不全为零的实数 $k_1, k_2, \cdots, k_m$ 使得 $k_1\alpha_1 + k_2\alpha_2 + \cdots + k_m\alpha_m = 0$,则称向量组 $\alpha_1, \alpha_2, \cdots, \alpha_m$ 线性相关,否则称向量组 $\alpha_1, \alpha_2, \cdots, \alpha_m$ 线性无关.

即:当且仅当 $k_1 = k_2 = \cdots = k_m = 0$ 时,$k_1\alpha_1 + k_2\alpha_2 + \cdots + k_m\alpha_m = 0$ 才成立,则称向量组 $\alpha_1, \alpha_2, \cdots, \alpha_m$ 线性无关.

例4 判断向量组 $\alpha_1 = \begin{pmatrix} 1 \\ -2 \\ 3 \end{pmatrix}, \alpha_2 = \begin{pmatrix} 2 \\ 1 \\ 0 \end{pmatrix}, \alpha_3 = \begin{pmatrix} 1 \\ -7 \\ 9 \end{pmatrix}$ 的线性相关性.

解 设存在一组实数 k_1, k_2, k_3 使得 $k_1\alpha_1 + k_2\alpha_2 + k_3\alpha_3 = 0$,将向量代入,得到方程组

$$\begin{cases} k_1 + 2k_2 + k_3 = 0 \\ -2k_1 + k_2 - 7k_3 = 0 \\ 3k_1 + 0k_2 + 9k_3 = 0 \end{cases}$$

其一般解为 $\begin{cases} k_1 = -3k_3 \\ k_2 = k_3 \end{cases}$ (k_3 为自由未知量).

令 $k_3 = 1$,得到一组解为 $k_1 = -3, k_2 = 1, k_3 = 1$,所以有 $-3\alpha_1 + \alpha_2 + \alpha_3 = 0$ 即 $\alpha_1, \alpha_2, \alpha_3$ 线性相关.

例5 对于向量组 $\alpha_1 = \begin{pmatrix} 1 \\ 0 \\ 0 \end{pmatrix}, \alpha_2 = \begin{pmatrix} 1 \\ 1 \\ 0 \end{pmatrix}, \alpha_3 = \begin{pmatrix} 1 \\ 1 \\ 1 \end{pmatrix}$,显然只有组合系数全为0时,才有 $0\alpha_1 + 0\alpha_2 + 0\alpha_3 = 0$ 成立,因而向量组 $\alpha_1, \alpha_2, \alpha_3$ 线性无关.

由此可得判断向量组 $\alpha_1, \alpha_2, \cdots, \alpha_\gamma$ 线性关系的一般步骤:

(1) 设 $k_1\alpha_1 + k_2\alpha_2 + \cdots + k_\gamma\alpha_\gamma = 0$

(2) 若能找到不全为零的 $k_1, k_2, \cdots, k_\gamma$,使 $k_1\alpha_1 + k_2\alpha_2 + \cdots + k_\gamma\alpha_\gamma = 0$ 成立,则 $\alpha_1, \alpha_2, \cdots, \alpha_\gamma$ 线性相关.若由(1)只能推出 $k_1 = k_2 = \cdots = k_\gamma = 0$,则 $\alpha_1, \alpha_2, \cdots, \alpha_\gamma$ 线性无关.

更一般地,要判断 R^n 中向量组

$\alpha_1 = (\alpha_{11}, \alpha_{12}, \cdots, \alpha_{1n})$

$\alpha_2 = (\alpha_{21}, \alpha_{22}, \cdots, \alpha_{2n})$

$\vdots$

$\alpha_\gamma = (\alpha_{\gamma 1}, \alpha_{\gamma 2}, \cdots, \alpha_{\gamma n})$

是否线性相关,只要判断齐次线性方程组

$$\begin{cases} \alpha_{11}x_1 + \alpha_{21}x_2 + \cdots + \alpha_{\gamma 1}x_\gamma = 0 \\ \alpha_{12}x_1 + \alpha_{22}x_2 + \cdots + \alpha_{\gamma 2}x_\gamma = 0 \\ \vdots \\ \alpha_{1n}x_1 + \alpha_{2n}x_2 + \cdots + \alpha_{\gamma n}x_\gamma = 0 \end{cases}$$

是否有非零解.

若有非零解,则 $\alpha_1, \alpha_2, \cdots, \alpha_\gamma$ 线性相关;

若只有零解,则 $\alpha_1, \alpha_2, \cdots, \alpha_\gamma$ 线性无关.

二、线性相关的性质

性质 1 向量组 $\alpha_1, \alpha_2, \cdots, \alpha_\gamma$ 中每一向量 α_i 都可以由这一组向量线性表示.

性质 2 如果向量 γ 可由向量组 $\alpha_1, \alpha_2, \cdots, \alpha_\gamma$ 线性表示,而每一个向量 α_i 又可由向量组 $\beta_1, \beta_2, \cdots, \beta_s$ 线性表示,则 γ 可由向量组 $\beta_1, \beta_2, \cdots, \beta_s$ 线性表示.

性质 3 如果向量组 $\alpha_1, \alpha_2, \cdots, \alpha_\gamma$ 线性无关,则它的任一部分向量组也线性无关.

性质4 设 $\alpha_1, \alpha_2, \cdots, \alpha_\gamma$ 线性无关,而 $\alpha_1, \alpha_2, \cdots, \alpha_\gamma, \beta$ 线性相关,则 β 一定可由 $\alpha_1, \alpha_2, \cdots, \alpha_\gamma$ 线性表示,且表达式唯一.

性质 5 线性无关向量组 $\alpha_1, \alpha_2, \cdots, \alpha_\gamma$ 的同位延长向量组也线性无关.

证明 设 $\alpha_1 = (\alpha_{11}, \alpha_{12}, \cdots, \alpha_{1t}), \alpha_2 = (\alpha_{21}, \alpha_{22}, \cdots, \alpha_{2t}), \cdots, \alpha_\gamma = (\alpha_{\gamma 1}, \alpha_{\gamma 2}, \cdots, \alpha_{\gamma t})$ 线性无关,其延长向量组为:

$$\bar{\alpha}_1 = (a_{11}, a_{12}, \cdots, a_{1t}, a_{1,t+1}, \cdots, a_{1n}),$$

$$\bar{\alpha}_2 = (a_{21}, a_{22}, \cdots, a_{2t}, a_{2,t+1}, \cdots, a_{2n}),$$

$$\cdots$$

$$\bar{\alpha}_\gamma = (a_{\gamma 1}, a_{\gamma 2}, \cdots, a_{\gamma t}, a_{\gamma, t+1}, \cdots, a_{\gamma n}).$$

设 $k_1 \bar{\alpha}_1 + k_2 \bar{\alpha}_2 + \cdots + k_\gamma \bar{\alpha}_\gamma = 0$

则 $k_1 \alpha_1 + k_2 \alpha_2 + \cdots + k_\gamma \alpha_\gamma = 0$

因为 $\alpha_1, \alpha_2, \cdots, \alpha_\gamma$ 线性无关,所以 $k_1 = k_2 = \cdots = k_\gamma = 0$,

故 $\bar{\alpha}_1, \bar{\alpha}_2, \cdots, \bar{\alpha}_\gamma$ 线性无关.

性质 6 线性相关向量组 $\alpha_1, \alpha_2, \cdots, \alpha_\gamma$ 的同位截短向量组也线性相关.

注: 若向量组 $\alpha_1, \alpha_2, \cdots, \alpha_\gamma$ 中每个向量都能由 $\beta_1, \beta_2, \cdots, \beta_s$ 线性表示,则称向量组 $\alpha_1, \alpha_2, \cdots, \alpha_\gamma$ 能由向量组 $\beta_1, \beta_2, \cdots, \beta_s$ 线性表示. 如果两个向量组能够互相线性表示,则称这两个向量组等价.

例 7 向量组 $\alpha_1 = (1, 0, 2), \alpha_2 = (1, 2, 3)$ 与向量组 $\beta_1 = (0, 2, 1), \beta_2 = (3, 4, 8), \beta_3 = (2, 2, 5)$ 是否等价?

解 因为 $\alpha_1 = 2\beta_3 - \beta_2, \alpha_2 = \beta_2 - \beta_3$,而

$\beta_1 = \alpha_2 - \alpha_1, \beta_2 = 2\alpha_2 + \alpha_1, \beta_3 = \alpha_1 + \alpha_2$

所以 α_1, α_2 与 $\beta_1, \beta_2, \beta_3$ 等价.

向量组的等价满足以下两个性质:

（1）反身性:任何向量组均与自己等价.

（2）对称性:$\alpha_1, \alpha_2, \cdots, \alpha_\gamma$ 与 $\beta_1, \beta_2, \cdots, \beta_s$ 等价,则 $\beta_1, \beta_2, \cdots, \beta_s$ 也与 $\alpha_1, \alpha_2, \cdots, \alpha_\gamma$ 等价.

定理3.3 由 m 个 n 维向量 $\alpha_1, \alpha_2, \cdots, \alpha_m$ 所构成的向量组线性相关的充要条件是 $\alpha_1, \alpha_2, \cdots, \alpha_m$ 构成的 $(n \times m)$ 阶矩阵 A 的秩 $r(A) < m$.

证明略.

由定理 3.3 可知,若 $r(A) = m$,则该向量组 $\alpha_1, \alpha_2, \cdots, \alpha_m$ 线性无关.

另外,关于向量组的线性相关性还有以下重要结论:

(1) 如果向量组 $\alpha_1, \alpha_2, \cdots, \alpha_m$ 线性无关,那么它的任一部分向量组也线性无关.

(2) 如果向量组 $\alpha_1, \alpha_2, \cdots, \alpha_m$ 中有一部分线性相关,那么整个向量组也线性相关.

(3) 如果一个向量组所含向量个数大于向量的维数,那么这个向量组一定线性相关.

即,当 $m > n$ 时,m 个 n 维向量相关. 因为对这 m 个 n 维向量所构成的矩阵 $A = A_{n \times m}$,有 $r(A) \leqslant n < m$,由定理 3.3 可知,这 m 个 n 维向量线性相关.

(4) 含零向量的向量组线性相关.

例 8 根据 a 的取值,判断 $\alpha_1 = \begin{pmatrix} 1 \\ 2 \\ 3 \end{pmatrix}, \alpha_2 = \begin{pmatrix} 1 \\ -2 \\ 4 \end{pmatrix}, \alpha_3 = \begin{pmatrix} 1 \\ 10 \\ a \end{pmatrix}$ 的线性相关性.

解 设矩阵 $A = (\alpha_1, \alpha_2, \alpha_3)$,对 A 进行初等变换,得

$$A = \begin{pmatrix} 1 & 1 & 1 \\ 2 & -2 & 10 \\ 3 & 4 & a \end{pmatrix} \xrightarrow[r_3 + (-3)r_1]{r_2 + (-2)r_1} \begin{pmatrix} 1 & 1 & 1 \\ 0 & -4 & 8 \\ 0 & 1 & a-3 \end{pmatrix}$$

$$\xrightarrow{r_2 + 4r_3} \begin{pmatrix} 1 & 1 & 1 \\ 0 & 0 & 4a-4 \\ 0 & 1 & a-3 \end{pmatrix} \xrightarrow{r_2 \leftrightarrow r_3} \begin{pmatrix} 1 & 1 & 1 \\ 0 & 1 & a-3 \\ 0 & 0 & 4a-4 \end{pmatrix}$$

显然,当 $a = 1$ 时,$r(A) = 2 < 3$ 向量组线性相关,当 $a \neq 1$ 时,$r(A) = 3$ 向量组线性无关.

第四节　向量组的秩

一、极大无关组

一个向量组所含向量的个数可能很多或为无穷,在研究一个向量组时,我们不一定对向量组中的每一个向量都进行研究,为此我们引入极大无关组的定义.

定义 3.7 设一组向量中(其中可能为有限个向量,也可能有无穷多个向量),如果存在一组向量 $\alpha_1, \alpha_2, \cdots, \alpha_\gamma$ 满足以下条件:

(1) $\alpha_1, \alpha_2, \cdots, \alpha_\gamma$ 线性无关;

(2) 向量组中的每一向量都可由 $\alpha_1, \alpha_2, \cdots, \alpha_\gamma$ 线性表示.

则称 $\alpha_1, \alpha_2, \cdots, \alpha_\gamma$ 为原向量组的一个极大线性无关组,简称极大无关组.

根据定义 3.7,我们可以得到下面的结论:(设向量组 A 由向量 $\alpha_1, \alpha_2, \cdots, \alpha_m$ 构成)

（1）如果 $\alpha_1,\alpha_2,\cdots,\alpha_\gamma$ 是向量组 A 的一个极大无关组,那么 A 中任意 $\gamma+1$ 个向量都线性相关;

（2）如果 $\alpha_1,\alpha_2,\cdots,\alpha_m$ 本身线性无关,则它就是 A 的一个极大无关组;

（3）极大无关组往往不是唯一的,但每个极大无关组中所含向量个数是相等的;

（4）只含零向量的向量组没有极大无关组.

n 维单位向量组 $e_1=\begin{pmatrix}1\\0\\0\\\vdots\\0\end{pmatrix}$, $e_2=\begin{pmatrix}0\\1\\0\\\vdots\\0\end{pmatrix}$, $\cdots$, $e_n=\begin{pmatrix}0\\0\\\vdots\\0\\1\end{pmatrix}$, 是全体 n 维向量构成的向量组的一个极大无关组.

例1 求向量组 $\alpha_1=\begin{pmatrix}1\\-2\\3\end{pmatrix}$, $\alpha_2=\begin{pmatrix}2\\1\\0\end{pmatrix}$, $\alpha_3=\begin{pmatrix}1\\-7\\9\end{pmatrix}$ 的极大无关组.

解 容易证明 α_1 和 α_2 是线性无关的. 又 $\alpha_3=3\alpha_1-\alpha_2,\alpha_2=0\alpha_1+\alpha_2,\alpha_1=\alpha_1+0\alpha_2$, 即 $\alpha_1,\alpha_2,\alpha_3$ 中任何一个向量都可以由 α_1 和 α_2 线性表示,故 α_1,α_2 是该向量组的一个极大无关组.

定义3.8 设有两个向量组:$A:\alpha_1,\alpha_2,\cdots,\alpha_m,\beta:\beta_1,\beta_2,\cdots,\beta_n$,如果向量组 A 中的每个向量都能够由向量组 B 线性表示,则称向量组 A 能够由向量组 B 线性表示;如果向量组 A 和 B 能够相互线性表示,则称两向量组等价.

由定义3.8可知,向量组和它的极大无关组是等价的,一个向量组的所有极大无关组也是相互等价的.

定义3.9 向量组 $\alpha_1,\alpha_2,\cdots,\alpha_m$ 的极大无关组所含向量的个数称为这个向量组的秩,记作 $\gamma(\alpha_1,\alpha_2,\cdots,\alpha_m)$.

例2 求向量组 $\alpha_1=(0,0,1),\alpha_2=(0,1,0),\alpha_3=(0,1,3),\alpha_4=(1,3,2)$ 的秩.

解 可以采用添加法来求向量组的一个极大无关组,显然 α_1,α_2 线性无关,而 α_3 可由 α_1,α_2 线性表示,所以不能再添加 α_3,但 α_4 不能由 α_1,α_2 线性表示,所以向量组 $\alpha_1,\alpha_2,\alpha_3,\alpha_4$ 的秩为3.

二、矩阵的秩

前面定义了向量组的秩,如果把矩阵的每一行看成一个向量,那么矩阵就是由这些行向量组成的.同样,如果把矩阵的每一列看成一个向量,则矩阵也可以看作是由这些列向量组成的.

定义3.10 矩阵的行向量所组成的行向量组的秩叫作行秩. 矩阵的列向量所组成的列向量组的秩叫作列秩.

例 3 求矩阵 $A = \begin{pmatrix} 1 & 2 & 1 & 2 \\ 0 & 2 & 3 & 2 \\ 0 & 0 & 2 & 4 \\ 0 & 0 & 1 & 2 \end{pmatrix}$ 的行秩和列秩.

解 A 的行向量组是 $\alpha_1 = (1,2,1,2), \alpha_2 = (0,2,3,2), \alpha_3 = (0,0,2,4), \alpha_4 = (0,0,1,2)$,其极大无关组是 $\alpha_1, \alpha_2, \alpha_3$,故 A 的行秩为 3.

A 的列向量组是 $\beta_1 = (1,0,0,0), \beta_2 = (2,2,0,0), \beta_3 = (1,3,2,1), \beta_4 = (2,2,4,2)$,其极大无关组为 $\beta_1, \beta_2, \beta_3$,故 A 的列秩也是 3.

矩阵 A 的行秩是否等于列秩?为了解决这个问题,先把矩阵的行秩与齐次线性方程组的解联系起来.

定理 3.4 矩阵 A 的行秩等于其列秩,也等于其行秩.

例 4 设矩阵

$$A = \begin{pmatrix} 1 & 1 & -2 & 1 & 4 \\ 2 & -1 & -1 & 1 & 2 \\ 2 & -3 & 1 & -1 & 2 \\ 3 & 6 & -9 & 7 & 9 \end{pmatrix}$$

求矩阵 A 的秩和 A 的列向量组 $\alpha_1, \alpha_2, \alpha_3, \alpha_4, \alpha_5$ 的一个极大无关组,并把不属于极大无关组的列向量用极大无关组线性表示.

解 对 A 施行初等行变换化为行阶梯形矩阵.

$$A = \begin{pmatrix} 1 & 1 & -2 & 1 & 4 \\ 2 & -1 & -1 & 1 & 2 \\ 2 & -3 & 1 & -1 & 2 \\ 3 & 6 & -9 & 7 & 9 \end{pmatrix} \xrightarrow[\substack{-2r_1+r_3 \\ -3r_1+r_4}]{-r_3+r_2} \begin{pmatrix} 1 & 1 & -2 & 1 & 4 \\ 0 & 2 & -2 & 2 & 0 \\ 0 & -5 & 5 & -3 & -6 \\ 0 & 3 & -3 & 4 & -3 \end{pmatrix}$$

$$\xrightarrow[\substack{5r_2+r_3 \\ -3r_2+r_4}]{r_2 \times \frac{1}{2}} \begin{pmatrix} 1 & 1 & -2 & 1 & 4 \\ 0 & 1 & -1 & 1 & 0 \\ 0 & 0 & 0 & 2 & -6 \\ 0 & 0 & 0 & 1 & -3 \end{pmatrix} \xrightarrow[\substack{-r_3+r_4}]{r_3 \times \frac{1}{2}} \begin{pmatrix} 1 & 1 & -2 & 1 & 4 \\ 0 & 1 & -1 & 1 & 0 \\ 0 & 0 & 0 & 1 & -3 \\ 0 & 0 & 0 & 0 & 0 \end{pmatrix} = A_1$$

显然 $r(A) = 3$,故 A 的列向量组的极大无关组含 3 个列向量,易见上面行阶梯矩阵中非零元在 $1,2,4$ 列上,由此可得一个 3 阶非零子式

$$D = \begin{vmatrix} 1 & 1 & 1 \\ 0 & 1 & 1 \\ 0 & 0 & 1 \end{vmatrix},$$

所以在 A 的第 $1,2,4$ 列中必存在一个 3 阶非零子式,从而 $\alpha_1, \alpha_2, \alpha_4$ 是 A 的一个极大无关组.

为了把 α_3, α_5 用 $\alpha_1, \alpha_2, \alpha_4$ 线性表示,再把 A_1 划成最简形矩阵:

$$A_1 \xrightarrow[\ -r_3 + r_2\ ]{\ -r_2 + r_1\ } \begin{pmatrix} 1 & 0 & -1 & 0 & 4 \\ 0 & 1 & -1 & 0 & 3 \\ 0 & 0 & 0 & 1 & -3 \\ 0 & 0 & 0 & 0 & 0 \end{pmatrix}$$

即得

$\alpha_3 = -\alpha_1 - \alpha_2$,

$\alpha_5 = 4\alpha_1 + 3\alpha_2 - 3\alpha_4$

(请读者思考这是什么?)

建立了矩阵行秩和列秩与矩阵秩的关系,我们可以方便地用向量组的秩的结论讨论矩阵秩的有关性质.

性质1 设 A,B 均为 $m \times n$ 矩阵,则

$R(A + B) \leqslant R(A) + R(B)$

证明 设 $R(A) = r, R(B) = s$,将 A,B 按列分块,记为

$A = (\alpha_1, \alpha_2, \cdots, \alpha_n), B = (b_1, b_2, \cdots, b_n)$,

$A + B = (\alpha_1 + b_1, \alpha_2 + b_2, \cdots, a_n + b_n)$. 不妨设 A,B 的列向量的最大无关组分别为 $\alpha_1, \alpha_2, \cdots, \alpha_\gamma$ 和 $b_1, b_2, \cdots, b_s$. 由于向量组和它的极大无关组等价,所以 $A + B$ 的列向量组可由向量组 $\alpha_1, \alpha_2, \cdots, \alpha_\gamma, b_1, b_2, \cdots, b_s$ 线性表示,因此

$R(A + B) = (A + B)$ 的列秩 $\leqslant R(\alpha_1, \alpha_2, \cdots, \alpha_\gamma, b_1, b_2, \cdots, b_s) \leqslant r + s$

性质2 设 $C = AB$ 则 $R(C) \leqslant min\{R(A), R(B)\}$.

证明 设 A,B 分别为 $m \times s, s \times n$ 的矩阵,将 C 和 A 用列向量表示为

$C = (c_1, c_2, \cdots, c_n), A = (\alpha_1, \alpha_2, \cdots, \alpha_s)$

而 $B = (b_{ij})$,由

$$C = (c_1, c_2, \cdots, c_n) = (\alpha_1, \alpha_2, \cdots, \alpha_s) \begin{pmatrix} b_{11} & \cdots & b_{12} \\ \vdots & & \vdots \\ b_{s1} & \cdots & b_{sn} \end{pmatrix}$$

知 $C = AB$ 的列向量组能由 A 的列向量组线性表示. 因此 $R(C) \leqslant R(A)$.

由 $C^T = B^T A^T$ 可知 $R(C^T) \leqslant R(B^T)$,即 $R(C) \leqslant R(B)$,从而

$R(C) \leqslant min\{R(A), R(B)\}$.

性质3 设 A 是 $m \times n$ 矩阵,P,Q 分别是 m 阶、n 阶可逆矩阵,则

$R(A) = R(PA) = R(AQ) = R(PAQ)$.

证明 由于可逆矩阵可以表示成若干个初等矩阵乘积,根据以上两个定理可知结论成立.

矩阵的秩等于其列向量组的秩,也等于其行向量组的秩. 所以,在求向量组的极大无关组与秩时,可将其按行(列)排成矩阵的形式,然后对这个矩阵进行初等变换,将其变为阶梯形矩阵后,非零行的行数即为向量组的秩,而非零行所对应的向量组即为该向量组的一个极大无关组.

第五节 线性方程组解的结构

一、齐次线性方程组解的结构

齐次线性方程组 $\begin{cases} a_{11}x_1 + a_{12}x_2 + \cdots + a_{1n}x_n = 0 \\ a_{21}x_1 + a_{22}x_2 + \cdots + a_{2n}x_n = 0 \\ \qquad\qquad\qquad \vdots \\ a_{m1}x_1 + a_{m2}x_2 + \cdots + a_{mn}x_n = 0 \end{cases}$ (3.4)

也可以写成 $AX = 0$,方程组的任一个解 $X = \begin{pmatrix} x_1 \\ x_2 \\ \vdots \\ x_n \end{pmatrix}$ 称为它的一个解向量.

容易证明,齐次线性方程组的解向量具有下列性质:

性质 1 如果 η_1, η_2 是方程组(3.4)的两个解向量,那么 $\eta_1 + \eta_2$ 也是方程组(3.4)的解向量.

证明 因为 $A\eta_1 = 0, A\eta_2 = 0, A(\eta_1 + \eta_2) = A\eta_1 + A\eta_2 = 0$,所以,$\eta_1 + \eta_2$ 也是方程组(3.4)的解向量.

性质 2 如果 η 是方程组(3.4)的解向量,c 为任意常数,那么 $c\eta$ 也是方程组(3.4)的解向量.

证明 因为 $A\eta = 0, A(c\eta) = c(A\eta) = c0 = 0$,所以,$c\eta$ 也是方程组(3.4)的解向量.

定义 3.11 若 $\eta_1, \eta_2, \cdots, \eta_s$ 为齐次线性方程组的(3.4)的一组解向量,且满足:

(1) $\eta_1, \eta_2, \cdots, \eta_s$ 线性无关;

(2) 方程组(3.4)的任一解向量都可以由 $\eta_1, \eta_2, \cdots, \eta_s$ 线性表示.

则称 $\eta_1, \eta_2, \cdots, \eta_s$ 为方程组的一个**基础解系**.

由定义可知,齐次线性方程组的基础解系即为该方程组的解向量组的一个极大无关组. 我们只要找到了方程组(3.4)的基础解系,那么方程组(3.4)的任意一个解向量 η 都可以由基础解系线性表示,即 $\eta = c_1\eta_1 + c_2\eta_2 + \cdots + c_s\eta_s$,其中 $c_1, c_2, \cdots, c_s$ 为任意常数.

它也称为齐次线性方程组(3.4)的通解(一般解).

例 1 求齐次线性方程组 $\begin{cases} x_1 + x_2 + x_3 + x_4 + x_5 = 0 \\ 3x_1 + 2x_2 + x_3 + x_4 - 3x_5 = 0 \\ x_2 + 2x_3 + 2x_4 + 6x_5 = 0 \\ 5x_1 + 4x_2 + 3x_3 + 3x_4 - x_5 = 0 \end{cases}$ 的基础解系与通解.

解　根据例 1 的对系数矩阵初等变换得到结果：

$r(A) = 2 < 5$，得知方程组有无穷解，它的同解方程组

为 $\begin{cases} x_1 - x_3 - x_4 - 5x_5 = 0 \\ x_2 + 2x_3 + 2x_4 + 6x_5 = 0 \end{cases}$，

即 $\begin{cases} x_1 = x_3 + x_4 + 5x_5, \\ x_2 = -2x_3 - 2x_4 - 6x_5. \end{cases}$

对自由未知量 $\begin{pmatrix} x_3 \\ x_4 \\ x_5 \end{pmatrix}$ 分别取值 $\begin{pmatrix} 1 \\ 0 \\ 0 \end{pmatrix}, \begin{pmatrix} 0 \\ 1 \\ 0 \end{pmatrix}, \begin{pmatrix} 0 \\ 0 \\ 1 \end{pmatrix}$，得基础解系为

$$\eta_1 = \begin{pmatrix} 1 \\ -2 \\ 1 \\ 0 \\ 0 \end{pmatrix}, \eta_2 = \begin{pmatrix} 1 \\ -2 \\ 0 \\ 1 \\ 0 \end{pmatrix}, \eta_3 = \begin{pmatrix} 5 \\ -6 \\ 0 \\ 0 \\ 1 \end{pmatrix}$$

所以方程组的通解为 $\eta = c_1 \eta_1 + c_2 \eta_2 + c_3 \eta_3$

即 $\eta = c_1 \begin{pmatrix} 1 \\ -2 \\ 1 \\ 0 \\ 0 \end{pmatrix} + c_2 \begin{pmatrix} 1 \\ -2 \\ 0 \\ 1 \\ 0 \end{pmatrix} + c_3 \begin{pmatrix} 5 \\ -6 \\ 0 \\ 0 \\ 1 \end{pmatrix}$ （c_1, c_2, c_3 为任意常数）

二、非齐次线性方程组解的结构

方程组（3.1）也可以写成 $AX = b$，当 $b = \begin{pmatrix} b_1 \\ b_2 \\ \vdots \\ b_m \end{pmatrix} \neq 0$ 时，即为非齐次线性方程组.

若 $b = 0$，则齐次线性方程组 $AX = 0$，我们称 $AX = 0$ 为 $AX = b$ 的导出方程组.

方程组 $AX = 0$ 与 $AX = b$ 的解之间有如下关系：

性质 3　如果 η_1, η_2 是方程组 $AX = b$ 的两个解，那么 $\eta_1 - \eta_2$ 是其导出组 $AX = 0$ 的解.

性质 4　如果 γ 是方程组 $AX = b$ 的一个解，而 η 是其导出组 $AX = 0$ 的一个解，则 $\gamma + \eta$ 是方程组 $AX = b$ 的一个解.

定理 3.5　设非齐次线性方程组 $AX = b$ 的一个解为 γ_0（特解），其导出组 $AX = 0$ 的全部解（通解）$\eta = c_1 \eta_1 + c_2 \eta_2 + \cdots + c_s \eta_s$，其中 $\eta_1, \eta_2, \cdots, \eta_s$ 为方程组 $AX = 0$ 的一个基础解系. 则 $AX = b$ 的全部解为 $\gamma = \gamma_0 + \eta = \gamma_0 + c_1 \eta_1 + c_2 \eta_2 + \cdots + c_s \eta_s$. （证明请

读者自己完成)

例 4   解线性方程组 $\begin{cases} x_1 - x_2 - x_3 + x_4 = 0, \\ x_1 - x_2 - 2x_3 + 3x_4 = -1 \\ x_1 - x_2 + x_3 - 3x_4 = 2 \end{cases}$.

解   对增广矩阵 $\bar{A}$ 进行行初等变换：

$$\bar{A} = \begin{pmatrix} 1 & -1 & -1 & 1 & 0 \\ 1 & -1 & -2 & 3 & -1 \\ 1 & -1 & 1 & -3 & 2 \end{pmatrix} \xrightarrow[r_3 - r_1]{r_2 - r_1} \begin{pmatrix} 1 & -1 & -1 & 1 & 0 \\ 0 & 0 & -1 & 2 & -1 \\ 0 & 0 & 2 & -4 & 2 \end{pmatrix}$$

$$\xrightarrow[r_1 - r_2]{r_3 + 2r_2} \begin{pmatrix} 1 & -1 & 0 & -1 & 1 \\ 0 & 0 & -1 & 2 & -1 \\ 0 & 0 & 0 & 0 & 0 \end{pmatrix} \xrightarrow{(-1) \times r_2} \begin{pmatrix} 1 & -1 & 0 & -1 & 1 \\ 0 & 0 & 1 & -2 & 1 \\ 0 & 0 & 0 & 0 & 0 \end{pmatrix}$$

可以看出 $r(A) = r(\bar{A}) = 2 < 4$，所以方程组有无穷多解.

方程组的同解方程组为 $\begin{cases} x_1 - x_2 - x_4 = 1 \\ x_3 - 2x_4 = 1 \end{cases}$，

即 $\begin{cases} x_1 = 1 + x_2 + x_4 \\ x_3 = 1 + 2x_4 \end{cases}$，其中 x_2, x_4 为自由未知量.

令 $x_2 = x_4 = 0$ 得方程组的一个特解 $\gamma_0 = \begin{pmatrix} 1 \\ 0 \\ 1 \\ 0 \end{pmatrix}$

由原方程组不难得到它的导出组的同解方程组为 $\begin{cases} x_1 - x_2 - x_4 = 0 \\ x_3 - 2x_4 = 0 \end{cases}$，

即 $\begin{cases} x_1 = x_2 + x_4 \\ x_3 = 2x_4 \end{cases}$

对 $\begin{pmatrix} x_2 \\ x_4 \end{pmatrix}$ 分别取 $\begin{pmatrix} 1 \\ 0 \end{pmatrix}$，$\begin{pmatrix} 0 \\ 1 \end{pmatrix}$，得导出组的基础解系为：

$$\eta = \begin{pmatrix} 1 \\ 1 \\ 0 \\ 0 \end{pmatrix}, \eta_2 = \begin{pmatrix} 1 \\ 0 \\ 2 \\ 1 \end{pmatrix},$$

所以原方程组的通解为：

$$\gamma = \gamma_0 + c_1\eta_1 + c_2\eta_2 = \begin{pmatrix} 1 \\ 0 \\ 1 \\ 0 \end{pmatrix} + c_1 \begin{pmatrix} 1 \\ 1 \\ 0 \\ 0 \end{pmatrix} + c_2 \begin{pmatrix} 1 \\ 0 \\ 2 \\ 1 \end{pmatrix} = \begin{pmatrix} 1 + c_1 + c_2 \\ c_1 \\ 1 + 2c_2 \\ c_2 \end{pmatrix}, (c_1, c_2 \text{ 为任意常数}).$$

第六节 线性方程组的应用

一、投入产出模型

投入产出分析是诺贝尔经济学奖获得者列昂杰夫（*W.Leontief*）在 20 世纪 30 年代首先提出的一种经济计量分析方法，早期主要是用来研究美国的经济结构和宏观经济活动。联合国于 1968 年开始推荐这一分析方法，并把投入产出核算作为新的国民经济核算体系的一个组成部分。经过各国学者 60 多年的研究和发展，投入产出分析的理论与方法已日趋成熟，并已在 100 多个国家得到了推广和应用，成为研究宏观经济活动、进行经济预测和政策分析、研究制定社会经济发展规划的基本工具。

下面通过一个例题进行简单介绍。

例 1 某地区有三个重要企业，一个煤矿、一个发电厂和一条地方铁路。开采一元钱的煤，煤矿要支付 0.25 元的电费及 0.25 元的运输费。生产一元钱的电力，发电厂要支付 0.65 元的煤费，0.05 元的电费及 0.05 元的运输费。创收一元钱的运输费，铁路要支付 0.55 元的煤费及 0.10 元的电费。在某一周内，煤矿接到外地金额为 50 000 元的订货，发电厂接到外地金额为 25 000 元的订货，外界对地方铁路没有需求。问三个企业在这一周内总产值为多少才能满足自身及外界的需求？

解 设 x_1 为本周内煤矿总产值，x_2 为本周内电厂总产值，x_3 为本周内铁路总产值，则

$$\begin{cases} x_1 - (0 \times x_1 + 0.65x_2 + 0.55x_3) = 50\,000 \\ x_2 - (0.25x_1 + 0.05x_2 + 0.10x_3) = 25\,000 \\ x_3 - (0.25x_1 + 0.05x_2 + 0 \times x_3) = 0 \end{cases}$$

即

$$\begin{pmatrix} x_1 \\ x_2 \\ x_3 \end{pmatrix} - \begin{pmatrix} 0 & 0.65 & 0.55 \\ 0.25 & 0.05 & 0.10 \\ 0.25 & 0.05 & 0 \end{pmatrix} \begin{pmatrix} x_1 \\ x_2 \\ x_3 \end{pmatrix} = \begin{pmatrix} 50\,000 \\ 25\,000 \\ 0 \end{pmatrix}$$

记

$$X = \begin{pmatrix} x_1 \\ x_2 \\ x_3 \end{pmatrix}, A = \begin{pmatrix} 0 & 0.65 & 0.55 \\ 0.25 & 0.05 & 0.10 \\ 0.25 & 0.05 & 0 \end{pmatrix}, Y = \begin{pmatrix} 50\,000 \\ 25\,000 \\ 0 \end{pmatrix}$$

矩阵 A 称为直接消耗矩阵，X 称为产出向量，Y 称为需求向量，则上述方程组可改写为

$$X - AX = Y,$$

整理得

$(E - A)X = Y,$

其中矩阵 E 为单位矩阵, $(E - A)$ 称为列昂杰夫矩阵, 列昂杰夫矩阵为非奇异矩阵.

设 $B = (E - A)^{-1} - E, C = A \begin{pmatrix} x_1 & 0 & 0 \\ 0 & x_2 & 0 \\ 0 & 0 & x_3 \end{pmatrix}, D = (1, 1, 1)$. 矩阵 B 称为完全消耗矩阵, 它与矩阵 A 一起在各个部门之间的投入产出中起平衡作用. 矩阵 C 可以称为投入产出矩阵, 它的元素表示煤矿、电厂、铁路之间的投入产出关系. 向量 D 称为总投入向量, 它的元素是矩阵 C 的对应列元素之和, 分别表示煤矿、电厂、铁路得到的总投入.

由矩阵 C, 向量 Y, X 和 D, 可得投入产出分析表, 见表 3 - 1.

表 3 - 1　　　　　　　　　　　　投入产出分析表　　　　　　　　　　单位:元

	煤矿	电厂	铁路	外界需求	总产出
煤矿	c_{11}	c_{12}	c_{13}	y_1	x_1
电厂	c_{21}	c_{22}	c_{23}	y_2	x_2
铁路	c_{31}	c_{32}	c_{33}	y_3	x_3
总投入	d_1	d_2	d_3	-	-

解方程组可得产出向量 X, 于是可计算矩阵 C 和向量 D, 计算结果见表 3 - 2.

表 3 - 2　　　　　　　　　　　　投入产出计算结果　　　　　　　　　　单位:元

	煤矿	电厂	铁路	外界需求	总产出
煤矿	0	36 505.96	15 581.51	50 000	102 087.48
电厂	25 521.87	2 808.15	2 833.00	25 000	56 163.02
铁路	25 521.87	2 808.15	0	0	28 330.02
总投入	51 043.74	42 122.27	18 414.52	-	-

二、网络流模型

网络流模型广泛应用于交通、运输、通信、电力分配、城市规划、任务分派以及计算机辅助设计等众多领域. 当科学家、工程师和经济学家研究某种网络中的流量问题时, 线性方程组就自然产生了, 例如, 城市规划设计人员和交通工程师监控城市道路网格内的交通流量, 电气工程师计算电路中流经的电流, 经济学家分析产品通过批发商和零售商网络从生产者到消费者的分配等. 大多数网络流模型中的方程组都包含了数百甚至上千未知量和线性方程.

一个网络由一个点集以及连接部分或全部点的直线或弧线构成. 网络中的点称作联结点(或节点), 网络中的连接线称作分支. 每一分支中的流量方向已经指定, 并且流量(或流速)已知或者已标为变量.网络流的基本假设是网络中流入与流出的总量相等,并且每个联结点流入和流出的总量也相等. 我们可以通过下面例子来感受一下网络流.

例2 图 3-1 中的网络表示 A 城市的一些单行道的交通流量(以每小时的汽车数量来度量).试计算在四交叉路口间车辆的数量.

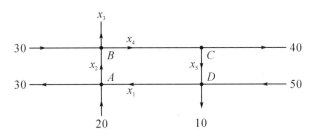

图 3-1 单行道交通流量图

解 根据网络流模型的基本假设,在节点(交叉口)A,B,C,D 处,我们可以分别得到下列方程:

$$A: x_1 + 20 = 30 + x_2$$
$$B: x_2 + 30 = x_3 + x_4$$
$$C: x_4 = 40 + x_5$$
$$D: x_5 + 50 = 10 + x_1$$

此外,该网络的总流入($20 + 30 + 50$)等于网络的总流出($30 + x_3 + 40 + 10$),化简得 a.把这个方程与整理后的前四个方程联立,得如下方程组:

$$\begin{cases} x_1 - x_2 = 10 \\ x_2 - x_3 - x_4 = -30 \\ x_4 - x_5 = 40 \\ x_1 - x_5 = 40 \\ x_3 = 20 \end{cases}$$

取 $x_5 = c$(c 为任意常数),则网络的流量模式表示为

$$x_1 = 40 + c, x_2 = 30 + c, x_3 = 20, x_4 = 40 + c, x_5 = c.$$

网络分支中的负流量表示与模型中指定的方向相反. 由于街道是单行道,因此变量不能取负值. 这导致变量在取正值时也有一定的局限.

三、平衡价格

为了协调多个相互依存的行业的平衡发展,有关部门需要根据每个行业的产出在各个行业中的分配情况确定每个行业产品的指导价格,使得每个行业的投入与产出都大致相等.

例3 假设一个经济系统由煤炭、电力、钢铁行业组成,每个行业的产出在各个

行业中的分配如表 3 - 3 所示:

表 3 - 3 行业产出分配表

产出分配			购买者
煤炭	电力	钢铁	
0	0.4	0.6	煤炭
0.6	0.1	0.2	电力
0.4	0.5	0.2	钢铁

每一列中的元素表示占该行业总产出的比例. 求使得每个行业的投入与产出都相等的平衡价格.

解 假设不考虑这个系统与外界的联系. a 分别表示煤炭、电力、钢铁行业每年总产出的价格,则

$$\begin{cases} x_1 = 0.4x_2 + 0.6x_3 \\ x_2 = 0.6x_1 + 0.1x_2 + 0.2x_3, \\ x_3 = 0.4x_1 + 0.5x_2 + 0.2x_3 \end{cases} 即 \begin{cases} x_1 - 0.4x_2 - 0.6x_3 = 0 \\ -0.6x_1 + 0.9x_2 - 0.2x_3 = 0. \\ -0.4x_1 - 0.5x_2 + 0.8x_3 = 0 \end{cases}$$

求解方程组,得

$$x_1 = 0.939\,4, x_2 = 0.848\,5, x_3 = 1$$

这就是说,如果煤炭、电力、钢铁行业每年总产出的价格分别 0.939 4 亿元,0.848 5 亿元,1 亿元,那么每个行业的投入与产出都相等.

四、平衡结构的梁受力的计算

在桥梁、房顶、铁塔等建筑结构中,涉及各种各样的梁. 对这些梁进行受力分析是设计师、工程师经常做的事情.

下面以双杆系统的受力分析为例,说明如何研究梁上各铰接点处的受力情况.

例4 在图 3 - 2 所示的双杆系统中,已知杆1重 $G_1 = 200$ 牛顿,长 $L_1 = 2$ 米,与水平方向的夹角为 $\theta_1 = \pi/6$,杆2重 $G_2 = 100$ 牛顿,长 $L_2 = a$ 米,与水平方向的夹角为 $\theta_2 = \pi/4$. 三个铰接点 A, B, C 所在平面垂直于水平面. 求杆1,杆2在铰接点处所受到的力.

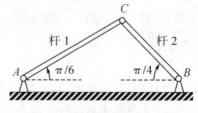

图 3 - 2 双杆系统

解 假设两杆都是均匀的. 在铰接点处的受力情况如图 3 - 3 所示.

对于杆 1：

水平方向受到的合力为零，故 $N_1 = N_3$，

竖直方向受到的合力为零，故 $N_2 + N_4 = G_1$，

以点 A 为支点的合力矩为零，故 $(L_1 sin\ \theta_1)N_3 + (L_1 cos\ \theta_1)N_4 = (\frac{1}{2}L_1 cos\ \theta_1)G_1$.

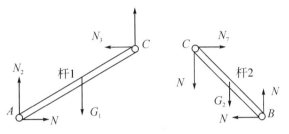

图 3 - 3　两杆受力情况

对于杆 2 类似地有：

$$N_5 = N_7, \quad N_6 = N_8 + G_2, \quad (L_2 sin\ \theta_2)N_7 = (L_2 cos\ \theta_2)N_8 + (\frac{1}{2}L_2 cos\ \theta_2)G_2.$$

此外还有 $N_3 = N_7, N_4 = N_8$. 于是将上述 8 个等式联立起来得到关于 $N_1, N_2, \cdots,$ N_8 的线性方程组：

$$\begin{cases} N_1 - N_3 = 0 \\ N_2 + N_4 = G_1 \\ \vdots \\ N_4 - N_8 = 0 \end{cases}$$

求解方程组得

$N_1 = 95.096\ 2, N_2 = 154.903\ 8, N_3 = 95.096\ 2, N_4 = 45.096\ 2, N_5 = 95.096\ 2,$ $N_6 = 145.096\ 2, N_7 = 95.096\ 2, N_8 = 45.096\ 2.$

最后的结果没有出现负值，说明图 3 - 3 中假设的各个力的方向与事实一致. 如果结果中出现负值，则说明该力的方向与假设的方向相反.

习题三

1. 用消元法解下列线性方程组

$(1)\begin{cases} 2x_1 - x_2 + 3x_3 = 1 \\ 2x_1 + 2x_3 = 6 \\ 4x_1 + 2x_2 + 5x_3 = 7 \end{cases}$　　$(2)\begin{cases} 2x_1 - x_2 + 3x_3 = 1 \\ 4x_1 - 2x_2 + 5x_3 = 4 \\ 2x_1 - x_2 + 4x_3 = -1 \\ 6x_1 - 3x_2 + 5x_3 = 11 \end{cases}$

2. 设 $\alpha_1 = (1,1,-1,-2), \alpha_2 = (-2,1,0,1), \alpha_3 = (-1,-2,0,2)$，求

（1）$\alpha_1 + \alpha_2 + \alpha_3$　　　　　　　　　　（2）$2\alpha_1 - 3\alpha_2 + 5\alpha_3$

3. 判断下列向量组的线性相关性.

$$（1）\alpha_1 = \begin{pmatrix} 4 \\ 1 \\ 10 \\ 0 \end{pmatrix}, \alpha_2 = \begin{pmatrix} 1 \\ 2 \\ 5 \\ 1 \end{pmatrix}, \alpha_3 = \begin{pmatrix} 2 \\ 0 \\ 2 \\ 1 \end{pmatrix}, \alpha_4 = \begin{pmatrix} 4 \\ 2 \\ 0 \\ 7 \end{pmatrix}$$

$$（2）\alpha_1 = \begin{pmatrix} 2 \\ 1 \\ -3 \\ 3 \end{pmatrix}, \alpha_2 = \begin{pmatrix} -1 \\ 0 \\ 1 \\ 2 \end{pmatrix}, \alpha_3 = \begin{pmatrix} 0 \\ 2 \\ 1 \\ 0 \end{pmatrix}, \alpha_4 = \begin{pmatrix} 1 \\ 3 \\ -1 \\ 2 \end{pmatrix}$$

4. 设向量组 $\alpha_1 = \begin{pmatrix} 1+a \\ 1 \\ 1 \\ 1 \end{pmatrix}, \alpha_2 = \begin{pmatrix} 2 \\ 2+a \\ 2 \\ 2 \end{pmatrix}, \alpha_3 = \begin{pmatrix} 3 \\ 3 \\ 3+a \\ 3 \end{pmatrix}, \alpha_4 = \begin{pmatrix} 4 \\ 4 \\ 4 \\ 4+a \end{pmatrix}$

（1）a 为何值时，$\alpha_1, \alpha_2, \alpha_3, \alpha_4$ 线性相关；

（2）a 为何值时，$\alpha_1, \alpha_2, \alpha_3, \alpha_4$ 线性无关.

5. 求下列向量组的秩与一个极大无关组，并将其余向量用求出的极大无关组线性表示.

$$（1）\alpha_1 = \begin{pmatrix} 2 \\ -1 \\ -1 \\ 0 \end{pmatrix}, \alpha_2 = \begin{pmatrix} 1 \\ 1 \\ 0 \\ 1 \end{pmatrix}, \alpha_3 = \begin{pmatrix} 0 \\ 3 \\ 1 \\ 2 \end{pmatrix}, \alpha_4 = \begin{pmatrix} 4 \\ 4 \\ 0 \\ 4 \end{pmatrix}$$

$$（2）\alpha_1 = \begin{pmatrix} 2 \\ 1 \\ 3 \\ 2 \end{pmatrix}, \alpha_2 = \begin{pmatrix} 3 \\ 2 \\ -2 \\ -3 \end{pmatrix}, \alpha_3 = \begin{pmatrix} 1 \\ 0 \\ 8 \\ 7 \end{pmatrix}, \alpha_4 = \begin{pmatrix} -3 \\ -2 \\ 3 \\ 4 \end{pmatrix}, \alpha_5 = \begin{pmatrix} -7 \\ -4 \\ 0 \\ 3 \end{pmatrix}$$

6. 解下列线性方程组（在有无穷多解时求出其结构式通解）.

$$（1）\begin{cases} 2x_1 + 3x_2 + x_3 = 4 \\ x_1 - 2x_2 + 4x_3 = -5 \\ 3x_1 + 8x_2 - 2x_3 = 13 \\ 4x_1 - x_2 + 9x_3 = -6 \end{cases}$$

$$（2）\begin{cases} x_1 - x_2 - x_3 + x_4 = 0 \\ x_1 - x_2 - x_4 = \dfrac{1}{2} \\ 2x_1 - 2x_2 - 4x_3 + 6x_4 = -1 \end{cases}$$

7. 参数 a, b 为何值时，线性方程组

$$\begin{cases} ax_1 + x_2 + x_3 = 4 \\ x_1 + bx_2 + x_3 = 3 \\ x_1 + 2bx_2 + x_3 = 4 \end{cases}$$

无解、有唯一解、有无穷多解？在有解时，求其解.

8. 设四元非齐次线性方程组系数矩阵的秩是 3,已知 α_1,α_2,α_3 是它的三个解向

量,且 $\alpha_1 = \begin{pmatrix} 4 \\ 1 \\ 0 \\ 2 \end{pmatrix}$,$\alpha_2 + \alpha_3 = \begin{pmatrix} 1 \\ 0 \\ 1 \\ 2 \end{pmatrix}$,求这个方程组的通解.

9. 某道路交叉口建成单行的小环岛如下图所示,试建立该网络流的数学模型,不必求解.

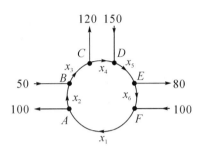

10. 某地有一座油矿,一个发电厂和一条铁路. 经成本核算,每生产价值 1 元钱的油需消耗 0.3 元的电;为了把这 1 元钱的油运出去需花费 0.2 元的运费;每生产 1 元的电需 0.6 元的油作燃料;为了运行电厂的辅助设备需消耗本身 0.1 元的电,还需要花费 0.1 元的运费;作为铁路局,每提供 1 元运费的运输需消耗 0.5 元的煤,辅助设备要消耗 0.1 元的电. 现油矿接到外地 6 万元油的订货,电厂有 10 万元电的外地需求,问:油矿和电厂各生产多少才能满足需求?

11. 假设一个经济系统由三个行业:五金化工、能源(如燃料、电力等)、机械组成,每个行业的产出在各个行业中的分配见表 3 - 4,每一列中的元素表示占该行业总产出的比例.以第二列为例,能源行业的总产出的分配如下:80% 分配到五金化工行业,10% 分配到机械行业,余下的供本行业使用.因为考虑了所有的产出,所以每一列的小数加起来必须等于 1. 把五金化工、能源、机械行业每年总产出的价格(即货币价值)分别用 p_1,p_2,p_3 表示.试求出使得每个行业的投入与产出都相等的平衡价格.

表 3 - 4　　　　　　　　　　经济系统的平衡

产出分配			购买者
五金化工	能源	机械	
0.2	0.8	0.4	五金化工
0.3	0.1	0.4	能源
0.5	0.1	0.2	机械

12. 有一个平面结构如图 3 - 4 所示,有 13 条梁(图中标号的线段)和 8 个铰接点(图中标号的圈)联结在一起(如图 3 - 4 所示).其中 1 号铰接点完全固定,8 号铰接点竖直方向固定,并在 2 号,5 号和 6 号铰接点上,分别有图示的 10 吨,15 吨和 20 吨的

负载. 在静平衡的条件下,任何一个铰接点上水平和竖直方向受力都是平衡的. 已知每条斜梁的角度都是 45°.

（1）列出由各铰接点处受力平衡方程构成的线性方程组.

（2）求解该线性方程组,确定每条梁的受力情况.

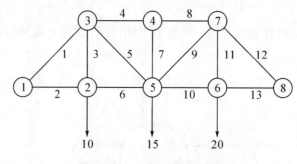

图 3 - 4　一个平面结构的梁

第四章　　向量代数与空间解析几何

引言:在研究力学、物理学以及其他应用科学时,常会遇到这样一类量,它们既有大小,又有方向,例如力、力矩、位移、速度、加速度等,这一类量叫作向量或矢量.

本章主要介绍向量的概念及线性运算,并在向量基础上讨论曲线的向量表示和曲线的曲率等概念.

第一节　　向量及其线性运算

一、向量概念

在数学上,用一条有方向的线段(称为有向线段)来表示向量.有向线段的长度表示向量的大小,有向线段的方向表示向量的方向.

以 A 为起点、B 为终点的有向线段所表示的向量记作 $\overrightarrow{AB}$.向量可用粗体字母表示,也可用上加箭头书写体字母表示,例如,a、r、v、F 或 $\vec{a}$、$\vec{r}$、$\vec{v}$、$\vec{F}$.

由于一切向量的共性是它们都有大小和方向,所以在数学上我们只研究与起点无关的向量,并称这种向量为自由向量,简称向量.因此,如果向量a和b的大小相等且方向相同,则说向量a和b是相等的,记为$a=b$.相等的向量经过平移后可以完全重合.

(1)**向量的模**:向量的大小叫作向量的模.

向量a、$\vec{a}$、$\overrightarrow{AB}$ 的模分别记为 $|a|$、$|\vec{a}|$、$|\overrightarrow{AB}|$.

模等于 1 的向量叫作单位向量.

模等于 0 的向量叫作零向量,记作0 或 $\vec{0}$.零向量的起点与终点重合,它的方向可以看作是任意的.

(2)**向量平行**:两个非零向量如果它们的方向相同或相反,就称这两个向量平行.向量 a 与b 平行,记作$a /\!/ b$.零向量与任何向量都平行.

当两个平行向量的起点放在同一点时,它们的终点和公共的起点在一条直线上.因此,两向量平行又称两向量共线.

类似地还有共面的概念.设有 $k(k \geq 3)$ 个向量,当把它们的起点放在同一点时,如果 k 个终点和公共起点在一个平面上,就称这 k 个向量共面.

二、向量的线性运算

1. 向量的加法

设有两个向量 a 与 b ,平移向量使 b 的起点与 a 的终点重合,此时从 a 的起点到 b 的终点的向量 c 称为向量 a 与 b 的和,记作 $a + b$,即 $c = a + b$.

上述作出两向量之和的方法叫作向量加法的三角形法则.

当向量 a 与 b 不平行时如图 $4-1$ 所示,平移向量使 a 与 b 的起点重合如图 $4-2$ 所示,以 a 、b 为邻边作一平行四边形,从公共起点到对角的向量等于向量 a 与 b 的和,记作 $a + b$.上述作出两向量之和的方法叫作向量加法的平行四边形法则.

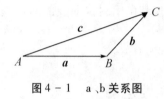

图 $4-1$　a 、b 关系图

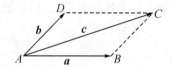

图 $4-2$　a 、b 平移之后的关系图

向量的加法的运算规律:

(1) 交换律 $a + b = b + a$;

(2) 结合律 $(a + b) + c = a + (b + c)$.

由于向量的加法符合交换律与结合律,故 n 个向量 $a_1, a_2, \cdots, a_n (n \geq 3)$ 相加可写成

$$a_1 + a_2 + \cdots + a_n$$

并按向量相加的三角形法则,可得 n 个向量相加的法则如下:使前一向量的终点作为次一向量的起点,相继作向量 $a_1, a_2, \cdots, a_n$,再以第一向量的起点为起点,最后一向量的终点为终点作一向量,这个向量即为所求的和.

设 a 为一向量,与 a 的模相同而方向相反的向量叫作 a 的负向量,记为 $-a$.

我们规定两个向量 b 与 a 的差为

$$b - a = b + (-a).$$

即把向量 $-a$ 加到向量 b 上,便得 b 与 a 的差 $b - a$.如图 $4-3, 4-4$ 所示:

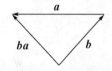

图 $4-3$　b 与 a 的差的示意图 1

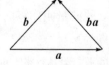

图 $4-4$　b 与 a 的差的示意图 2

特别地,当 $b = a$ 时,有 $a - a = a + (-a) = 0$.

显然,任意给出向量 $\overrightarrow{AB}$ 及点 O ,有

$$\overrightarrow{AB} = \overrightarrow{AO} + \overrightarrow{OB} = \overrightarrow{OB} - \overrightarrow{OA},$$

因此,若把向量a与b移到同一起点O,则从a的终点A向b的终点B所引向量$\overrightarrow{AB}$便是向量b与a的差$b - a$.

三角不等式:

由三角形两边之和大于第三边的原理,有

$$|a + b| \leq |a| + |b| \ \text{及} \ |a - b| \leq |a| + |b|,$$

其中等号在b与a同向或反向时成立.

2. 向量与数的乘法

向量与数的乘法:

向量a与实数λ的乘积记作λa,规定λa是一个向量,它的模$|\lambda a| = |\lambda| |a|$,它的方向当$\lambda > 0$时与$a$相同,当$\lambda < 0$时与$a$相反.

当$\lambda = 0$时,$|\lambda a| = 0$,即λa为零向量,这时它的方向可以是任意的.

特别地,当$\lambda = \pm 1$时,有

$$1a = a , (-1)a = -a .$$

运算规律:

(1) 结合律 $\lambda(\mu a) = \mu(\lambda a) = (\lambda \mu) a$;

(2) 分配律 $(\lambda + \mu) a = \lambda a + \mu a$;

$$\lambda(a + b) = \lambda a + \lambda b .$$

例1 在平行四边形$ABCD$中,设$\overrightarrow{AB} = a$,$\overrightarrow{AD} = b$,如图4-5所示.试用a和b表示向量$\overrightarrow{MA}$、$\overrightarrow{MB}$、$\overrightarrow{MC}$、$\overrightarrow{MD}$,其中M是平行四边形对角线的交点.

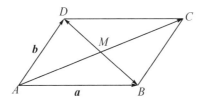

图4-5 平行四边形 ABCD 示意图

解 由于平行四边形的对角线互相平分,所以

$$a + b = \overrightarrow{AC} = 2\overrightarrow{AM}, \ \text{即} -(a + b) = 2\overrightarrow{MA},$$

于是 $\overrightarrow{MA} = -\dfrac{1}{2}(a + b)$.

因为$\overrightarrow{MC} = -\overrightarrow{MA}$,所以 $\overrightarrow{MC} = \dfrac{1}{2}(a + b)$.

又因 $-a + b = \overrightarrow{BD} = 2\overrightarrow{MD}$,所以$\overrightarrow{MD} = \dfrac{1}{2}(b - a)$.

由于 $\overrightarrow{MB} = -\overrightarrow{MD}$,所以 $\overrightarrow{MB} = \dfrac{1}{2}(a-b)$.

向量的单位化:

设 $a \neq 0$,则向量 $\dfrac{a}{|a|}$ 是与 a 同方向的单位向量,记为 e_a .于是 $a = |a| e_a$.

三、空间直角坐标系

在空间取定一点 O 和三个两两垂直的单位向量 i 、j 、k ,就确定了三条都以 O 为原点的两两垂直的数轴,依次记为 x 轴(横轴)、y 轴(纵轴)、z 轴(竖轴),统称为坐标轴.它们构成一个空间直角坐标系,称为 $Oxyz$ 坐标系.

注:(1) 通常三个数轴应具有相同的长度单位;

(2) 通常把 x 轴和 y 轴配置在水平面上,而 z 轴则是铅垂线;

(3) 数轴的正向通常符合右手规则.

1. 坐标面:

在空间直角坐标系中,任意两个坐标轴可以确定一个平面,这种平面称为坐标面.x 轴及 y 轴所确定的坐标面叫作 xOy 面,另两个坐标面是 yOz 面和 zOx 面.三个坐标面把空间分成八个部分,每一部分叫作卦限,含有三个正半轴的卦限叫作第一卦限,它位于 xOy 面的上方.在 xOy 面的上方,按逆时针方向排列着第二卦限、第三卦限和第四卦限.在 xOy 面的下方,与第一卦限对应的是第五卦限,按逆时针方向还排列着第六卦限、第七卦限和第八卦限.八个卦限分别用字母 Ⅰ、Ⅱ、Ⅲ、Ⅳ、Ⅴ、Ⅵ、Ⅶ、Ⅷ 表示.

2. 向量的坐标分解式:

任给向量 r ,对应有点 M ,使 $\overrightarrow{OM} = r$.以 OM 为对角线、三条坐标轴为棱作长方体,有

$$r = \overrightarrow{OM} = \overrightarrow{OP} + \overrightarrow{PN} + \overrightarrow{NM} = \overrightarrow{OP} + \overrightarrow{OQ} + \overrightarrow{OR},$$

设　　$\overrightarrow{OP} = xi, \overrightarrow{OQ} = yj, \overrightarrow{OR} = zk$,则

$$r = \overrightarrow{OM} = xi + yj + zk.$$

上式称为向量 r 的坐标分解式,xi 、yj 、zk 称为向量 r 沿三个坐标轴方向的分向量.

显然,给定向量 r ,就确定了点 M 及 $\overrightarrow{OP} = xi, \overrightarrow{OQ} = yj, \overrightarrow{OR} = zk$ 三个分向量,进而确定了 x 、y 、z 三个有序数;反之,给定三个有序数 x 、y 、z 也就确定了向量 r 与点 M .于是点 M 、向量 r 与三个有序 x 、y 、z 之间有一一对应的关系.

$$M \leftrightarrow r = \overrightarrow{OM} = xi + yj + zk \leftrightarrow (x, y, z).$$

据此,定义:有序数 x 、y 、z 称为向量 r(在坐标系 $Oxyz$)中的坐标,记作 $r = (x, y, z)$;有序数 x 、y 、z 也称为点 M(在坐标系 $Oxyz$)的坐标,记为 $M(x, y, z)$.

向量 $r = \overrightarrow{OM}$ 称为点 M 关于原点 O 的向径.上述定义表明,一个点与该点的向径有

相同的坐标.记号 (x,y,z) 既表示点 M，又表示向量 $\overrightarrow{OM}$.

四、利用坐标作向量的线性运算

设 $a = (a_x, a_y, a_z), b = (b_x, b_y, b_z)$

即 $\quad a = a_x i + a_y j + a_z k, b = b_x i + b_y j + b_z k$，

则 $\quad a + b = (a_x i + a_y j + a_z k) + (b_x i + b_y j + b_z k)$

$\qquad = (a_x + b_x) i + (a_y + b_y) j + (a_z + b_z) k$

$\qquad = (a_x + b_x, a_y + b_y, a_z + b_z)$.

$a - b = (a_x i + a_y j + ak) - (b_x i + b_y j + b_z k)$

$\qquad = (a_x - b_x) i + (a_y - b_y) j + (a_z - b_z) k$

$\qquad = (a_x - b_x, a_y - b_y, a_z - b_z)$.

$\lambda a = \lambda(a_x i + a_y j + a_z k)$

$\qquad = (\lambda a_x) i + (\lambda a_y) j + (\lambda a_z) k$

$\qquad = (\lambda a_x, \lambda a_y, \lambda a_z)$.

利用向量的坐标判断两个向量的平行： 设 $a = (a_x, a_y, a_z) \neq 0, b = (b_x, b_y, b_z)$，向量 $b // a \Leftrightarrow b = \lambda a$，即 $b // a \Leftrightarrow (b_x, b_y, b_z) = \lambda(a_x, a_y, a_z)$，于是 $\dfrac{b_x}{a_x} = \dfrac{b_y}{a_y} = \dfrac{b_z}{a_z}$.

例2 求解以向量为未知元的线性方程组 $\begin{cases} 5x - 3y = a \\ 3x - 2y = b \end{cases}$，其中 $a = (2,1,2), b = (-1,1,-2)$.

解 如同解二元一次线性方程组，可得

$x = 2a - 3b, y = 3a - 5b$.

以 a、b 的坐标表示式代入，即得

$x = 2(2,1,2) - 3(-1,1,-2) = (7, -1, 10)$，

$y = 3(2,1,2) - 5(-1,1,-2) = (11, -2, 16)$.

例3 已知两点 $A(x_1, y_1, z_1)$ 和 $B(x_2, y_2, z_2)$ 以及实数 $\lambda \neq -1$，在直线 AB 上求一点 M，使 $\overrightarrow{AM} = \lambda \overrightarrow{MB}$.

解 由于 $\overrightarrow{AM} = \overrightarrow{OM} - \overrightarrow{OA}, \overrightarrow{MB} = \overrightarrow{OB} - \overrightarrow{OM}$，

因此 $\quad \overrightarrow{OM} - \overrightarrow{OA} = \lambda(\overrightarrow{OB} - \overrightarrow{OM})$，

从而 $\quad \overrightarrow{OM} = \dfrac{1}{1+\lambda}(\overrightarrow{OA} + \lambda \overrightarrow{OB}) = \left(\dfrac{x_1 + \lambda x_2}{1+\lambda}, \dfrac{x_1 + \lambda x_2}{1+\lambda}, \dfrac{x_1 + \lambda x_2}{1+\lambda}\right)$，

这就是点 M 的坐标.

另解 设所求点为 $M(x,y,z)$，则 $\overrightarrow{AM} = (x - x_1, y - y_1, z - z_1), \overrightarrow{MB} = (x_2 - x, y_2 - y, z_2 - z)$.依题意有 $\overrightarrow{AM} = \lambda \overrightarrow{MB}$，即

$$(x - x_1, y - y_1, z - z_1) = \lambda(x_2 - x, y_2 - y, z_2 - z)$$
$$(x, y, z) - (x_1, y_1, z_1) = \lambda(x_2, y_2, z_2) - \lambda(x, y, z),$$
$$(x, y, z) = \frac{1}{1 + \lambda}(x_1 + \lambda x_2, y_1 + \lambda y_2, z_1 + \lambda z_2),$$
$$x = \frac{x_1 + \lambda x_2}{1 + \lambda}, y = \frac{y_1 + \lambda y_2}{1 + \lambda}, z = \frac{z_1 + \lambda z_2}{1 + \lambda}.$$

点 M 叫作有向线段 $\overrightarrow{AB}$ 的定比分点. 当 $\lambda = 1$,点 M 的有向线段 $\overrightarrow{AB}$ 的中点,其坐标为

$$x = \frac{x_1 + x_2}{2}, y = \frac{y_1 + y_2}{2}, z = \frac{z_1 + z_2}{2}.$$

五、向量的模、方向角、投影

1. 向量的模与两点间的距离公式

设向量 $r = (x, y, z)$,作 $\overrightarrow{OM} = r$,则

$$r = \overrightarrow{OM} = \overrightarrow{OP} + \overrightarrow{OQ} + \overrightarrow{OR},$$

按勾股定理可得

$$|r| = |OM| = \sqrt{|OP|^2 + |OQ|^2 + |OR|^2},$$

设

$$\overrightarrow{OP} = x\,i, \overrightarrow{OQ} = y\,j, \overrightarrow{OR} = z\,k,$$

有

$$|OP| = |x|, |OQ| = |y|, |OR| = |z|,$$

于是得向量模的坐标表示式

$$|r| = \sqrt{x^2 + y^2 + z^2}.$$

设有点 $A(x_1, y_1, z_1)$、$B(x_2, y_2, z_2)$,则

$$\overrightarrow{AB} = \overrightarrow{OB} - \overrightarrow{OA} = (x_2, y_2, z_2) - (x_1, y_1, z_1) = (x_2 - x_1, y_2 - y_1, z_2 - z_1),$$

于是点 A 与点 B 间的距离为

$$|AB| = |\overrightarrow{AB}| = \sqrt{(x_2 - x_1)^2 + (y_2 - y_1)^2 + (z_2 - z_1)^2}.$$

例 4　求证以 $M_1(4, 3, 1)$、$M_2(7, 1, 2)$、$M_3(5, 2, 3)$ 三点为顶点的三角形是一个等腰三角形.

解　因为　$|M_1 M_2|^2 = (7 - 4)^2 + (1 - 3)^2 + (2 - 1)^2 = 14,$

$|M_2 M_3|^2 = (5 - 7)^2 + (2 - 1)^2 + (3 - 2)^2 = 6,$

$|M_1 M_3|^2 = (5 - 4)^2 + (2 - 3)^2 + (3 - 1)^2 = 6,$

所以 $|M_2 M_3| = |M_1 M_3|$,即 $\triangle M_1 M_2 M_3$ 为等腰三角形.

例 5　在 z 轴上求与两点 $A(-4, 1, 7)$ 和 $B(3, 5, -2)$ 等距离的点.

解　设所求的点为 $M(0, 0, z)$,依题意有 $|MA|^2 = |MB|^2$,

即　$(0 + 4)^2 + (0 - 1)^2 + (z - 7)^2 = (3 - 0)^2 + (5 - 0)^2 + (-2 - z)^2.$

解之得 $z = \dfrac{14}{9}$,所以,所求的点为 $M\left(0, 0, \dfrac{14}{9}\right).$

例6 已知两点 $A(4,0,5)$ 和 $B(7,1,3)$，求与 $\overrightarrow{AB}$ 方向相同的单位向量 e．

解 因为 $\overrightarrow{AB} = (7,1,3) - (4,0,5) = (3,1,-2)$，

$|\overrightarrow{AB}| = \sqrt{3^2 + 1^2 + (-2)^2} = \sqrt{14}$，

所以 $e = \dfrac{\overrightarrow{AB}}{|\overrightarrow{AB}|} = \dfrac{1}{\sqrt{14}}(3,1,-2)$．

2. 方向角与方向余弦

当把两个非零向量 a 与 b 的起点放到同一点时，两个向量之间的不超过 π 的夹角称为向量 a 与 b 的夹角，记作 $(\hat{a,b})$ 或 $(\hat{b,a})$．如果向量 a 与 b 中有一个是零向量，规定它们的夹角可以在 0 与 π 之间任意取值．

类似地，可以规定向量与一轴的夹角或空间两轴的夹角．

非零向量 r 与三条坐标轴的夹角 α、β、γ 称为向量 r 的方向角．

设 $r = (x,y,z)$，则

$x = |r|\cos\alpha, y = |r|\cos\beta, z = |r|\cos\gamma$．

$\cos\alpha$、$\cos\beta$、$\cos\gamma$ 称为向量 r 的方向余弦．

$\cos\alpha = \dfrac{x}{|r|}, \cos\beta = \dfrac{y}{|r|}, \cos\gamma = \dfrac{z}{|r|}$．

从而 $(\cos\alpha, \cos\beta, \cos\gamma) = \dfrac{1}{|r|}r = e_r$．

上式表明，以向量 r 的方向余弦为坐标的向量就是与 r 同方向的单位向量 e_r．因此 $\cos^2\alpha + \cos^2\beta + \cos^2\gamma = 1$．

例7 设已知两点 $A(2,2,\sqrt{2})$ 和 $B(1,3,0)$，计算向量 $\overrightarrow{AB}$ 的模、方向余弦和方向角．

解 $\overrightarrow{AB} = (1-2, 3-2, 0-\sqrt{2}) = (-1, 1, -\sqrt{2})$；

$|\overrightarrow{AB}| = \sqrt{(-1)^2 + 1^2 + (-\sqrt{2})^2} = 2$；

$\cos\alpha = -\dfrac{1}{2}, \cos\beta = \dfrac{1}{2}, \cos\gamma = -\dfrac{\sqrt{2}}{2}$；

$\alpha = \dfrac{2\pi}{3}, \beta = \dfrac{\pi}{3}, \gamma = \dfrac{3\pi}{4}$．

3. 向量在轴上的投影

设点 O 及单位向量 e 确定 u 轴．

任给向量 r，作 $\overrightarrow{OM} = r$，再过点 M 作与 u 轴垂直的平面交 u 轴于点 M'（点 M' 叫作点 M 在 u 轴上的投影），则向量 $\overrightarrow{OM'}$ 称为向量 r 在 u 轴上的分向量．设 $\overrightarrow{OM'} = \lambda e$，则数 λ 称为向量 r 在 u 轴上的投影，记作 $Prj_u r$ 或 $(r)_u$．

按此定义，向量 a 在直角坐标系 $Oxyz$ 中的坐标 a_x, a_y, a_z 就是 a 在三条坐标轴上

的投影,即

$$a_x = Prj_x a, a_y = Prj_y a, a_z = Prj_z a.$$

投影的性质:

性质 1 $(a)_u = |a| \cos \varphi$(即 $Prj_u a = |a| \cos \varphi$),其中 φ 为向量与 u 轴的夹角;

性质 2 $(a + b)_u = (a)_u + (b)_u$(即 $Prj_u(a + b) = Prj_u a + Prj_u b$);

性质 3 $(\lambda a)_u = \lambda(a)_u$(即 $Prj_u(\lambda a) = \lambda Prj_u a$);

第二节 数量积 向量积

一、两向量的数量积

1. 数量积的物理背景

设一物体在常力 F 作用下沿直线从点 M_1 移动到点 M_2.以 s 表示位移 $\overrightarrow{M_1 M_2}$.由物理学知道,力 F 所做的功为

$$W = |F| |s| \cos \theta,$$

其中 θ 为 F 与 s 的夹角.

2. 数量积

对于两个向量 a 和 b,它们的模 $|a|$、$|b|$ 及它们的夹角 θ 的余弦的乘积称为向量 a 和 b 的数量积,记作 $a \cdot b$,即

$$a \cdot b = |a| |b| \cos \theta.$$

3. 数量积与投影

由于 $|b| \cos \theta = |b| \cos(\hat{a,b})$,当 $a \neq 0$ 时,$|b| \cos(\hat{a,b})$ 是向量 b 在向量 a 的方向上的投影,于是 $a \cdot b = |a| Prj_a b$.

同理,当 $b \neq 0$ 时,$a \cdot b = |b| Prj_b a.$

4. 数量积的性质

(1) $a \cdot a = |a|^2$.

(2) 对于两个非零向量 a、b,如果 $a \cdot b = 0$,则 $a \perp b$;

反之,如果 $a \perp b$,则 $a \cdot b = 0$.

如果认为零向量与任何向量都垂直,则 $a \perp b \Leftrightarrow a \cdot b = 0$.

5. 数量积的运算律

(1) 交换律:$a \cdot b = b \cdot a$;

(2) 分配律:$(a + b) \cdot c = a \cdot c + b \cdot c$.

(3) $(\lambda a) \cdot b = a \cdot (\lambda b) = \lambda(a \cdot b)$,

$(\lambda a) \cdot (\mu b) = \lambda \mu(a \cdot b)$,$\lambda$、$\mu$ 为数.

数量积的坐标表示:

设 $a = (a_x, a_y, a_z)$，$b = (b_x, b_y, b_z)$，则

$$a \cdot b = a_x b_x + a_y b_y + a_z b_z.$$

按数量积的运算规律可得

$$
\begin{aligned}
a \cdot b &= (a_x i + a_y j + a_z k) \cdot (b_x i + b_y j + b_z k) \\
&= a_x b_x i \cdot i + a_x b_y i \cdot j + a_x b_z i \cdot k \\
&\quad + a_y b_x j \cdot i + a_y b_y j \cdot j + a_y b_z j \cdot k \\
&\quad + a_z b_x k \cdot i + a_z b_y k \cdot j + a_z b_z k \cdot k \\
&= a_x b_x + a_y b_y + a_z b_z.
\end{aligned}
$$

两向量夹角的余弦的坐标表示：

设 $\theta = (\overset{\wedge}{a, b})$，则当 $a \neq 0$、$b \neq 0$ 时，有

$$cos\theta = \frac{a \cdot b}{|a||b|} = \frac{a_x b_x + a_y b_y + a_z b_z}{\sqrt{a_x^2 + a_y^2 + a_z^2}\sqrt{b_x^2 + b_y^2 + b_z^2}}.$$

提示：$a \cdot b = |a||b| cos\theta.$

二、两向量的向量积

在研究物体转动问题时，不但要考虑这物体所受的力，还要分析这些力所产生的力矩.

设 O 为一根杠杆 L 的支点. 有一个力 F 作用于这杠杆上 P 点处. F 与 $\overrightarrow{OP}$ 的夹角为 θ. 由力学规定，力 F 对支点 O 的力矩是一向量 M，它的模

$$|M| = |\overrightarrow{OP}||F| sin\theta,$$

而 M 的方向垂直于 $\overrightarrow{OP}$ 与 F 所决定的平面，M 的指向是的按右手规则从 $\overrightarrow{OP}$ 以不超过 π 的角转向 F 来确定的.

设向量 c 是由两个向量 a 与 b 按下列方式定出：

c 的模 $|c| = |a||b| sin\theta$，其中 θ 为 a 与 b 间的夹角；

c 的方向垂直于 a 与 b 所决定的平面，c 的指向按右手规则从 a 转向 b 来确定.

那么，向量 c 叫作向量 a 与 b 的向量积，记作 $a \times b$，即

$$c = a \times b.$$

根据向量积的定义，力矩 M 等于 $\overrightarrow{OP}$ 与 F 的向量积，即

$$M = \overrightarrow{OP} \times F.$$

向量积的性质：

（1） $a \times a = 0$；

（2）对于两个非零向量 a、b，如果 $a \times b = 0$，则 $a // b$，反之，如果 $a // b$，则 $a \times b = 0$.

如果认为零向量与任何向量都平行，则 $a // b \Leftrightarrow a \times b = 0$.

数量积的运算律:

（1）交换律 $a \times b = -b \times a$；

（2）分配律: $(a+b) \times c = a \times c + b \times c$.

（3）$(\lambda a) \times b = a \times (\lambda b) = \lambda(a \times b)$ （λ 为数）.

数量积的坐标表示:设 $a = a_x i + a_y j + a_z k$，$b = b_x i + b_y j + b_z k$.按向量积的运算规律可得

$$a \times b = (a_x i + a_y j + a_z k) \times (b_x i + b_y j + b_z k)$$
$$= a_x b_x i \times i + a_x b_y i \times j + a_x b_z i \times k$$
$$+ a_y b_x j \times i + a_y b_y j \times j + a_y b_z j \times k$$
$$+ a_z b_x k \times i + a_z b_y k \times j + a_z b_z k \times k.$$

由于 $i \times i = j \times j = k \times k = 0, i \times j = k, j \times k = i, k \times i = j$, 所以

$$a \times b = (a_y b_z - a_z b_y) i + (a_z b_x - a_x b_z) j + (a_x b_y - a_y b_x) k.$$

为了帮助记忆,利用三阶行列式符号,上式可写成

$$a \times b = \begin{vmatrix} i & j & k \\ a_x & a_y & a_z \\ b_x & b_y & b_z \end{vmatrix} = a_y b_z i + a_z b_x j + a_x b_y k - a_y b_x k - a_x b_z j - a_z b_y i$$

$$= (a_y b_z - a_z b_y) i + (a_z b_x - a_x b_z) j + (a_x b_y - a_y b_x) k..$$

例1 设 $a = (2,1,-1), b = (1,-1,2)$,计算 $a \times b$.

解 $a \times b = \begin{vmatrix} i & j & k \\ 2 & 1 & -1 \\ 1 & -1 & 2 \end{vmatrix} = 2i - j - 2k - k - 4j - i = i - 5j - 3k$.

例2 已知三角形 ABC 的顶点分别是 $A(1,2,3)$、$B(3,4,5)$、$C(2,4,7)$,求三角形 ABC 的面积.

解 根据向量积的定义,可知三角形 ABC 的面积

$$S_{\triangle ABC} = \frac{1}{2} |\overrightarrow{AB}| |\overrightarrow{AC}| \sin \angle A = \frac{1}{2} |\overrightarrow{AB} \times \overrightarrow{AC}|.$$

由于 $\overrightarrow{AB} = (2,2,2), \overrightarrow{AC} = (1,2,4)$,因此

$$\overrightarrow{AB} \times \overrightarrow{AC} = \begin{vmatrix} i & j & k \\ 2 & 2 & 2 \\ 1 & 2 & 4 \end{vmatrix} = 4i - 6j + 2k.$$

于是 $S_{\triangle ABC} = \frac{1}{2} |4i - 6j + 2k| = \frac{1}{2} \sqrt{4^2 + (-6)^2 + 2^2} = \sqrt{14}$.

例3 设刚体以等角速度 ω 绕 l 轴旋转,计算刚体上一点 M 的线速度.

解 刚体绕 l 轴旋转时,我们可以用在 l 轴上的一个向量 ω 表示角速度,它的大小等于角速度的大小,它的方向由右手规则定出:以右手握住 l 轴,当右手的四个手指的转向与刚体的旋转方向一致时,大拇指的指向就是 ω 的方向.

设点 M 到旋转轴 l 的距离为 a，再在 l 轴上任取一点 O 作向量 $r = \overrightarrow{OM}$，并以 θ 表示 w 与 r 的夹角，那么

$$a = |r| \sin\theta.$$

设线速度为 v，那么由物理学上线速度与角速度间的关系可知，v 的大小为

$$|v| = |\omega| a = |\omega| |r| \sin\theta;$$

v 的方向垂直于通过 M 点与 l 轴的平面，即 v 垂直于 ω 与 r，又 v 的指向是使 ω、r、v 符合右手规则.因此有

$$v = \omega \times r.$$

第三节　曲线的向量表示

一、空间曲线的向量表示

设 $x(t)$，$y(t)$ 和 $z(t)$ 是定义在区间 I 上的 3 个函数，令

$$\overrightarrow{r}(t) = [x(t), y(t), z(t)] = x(t)\overrightarrow{i} + y(t)\overrightarrow{j} + z(t)\overrightarrow{k} \quad (t \in I) \quad (4-1)$$

则对于每一个 $t \in I$，在 R^3 中都有唯一的一个向量 $\overrightarrow{r}(t)$ 与之对应.因此，这是定义在区间 I 上的一个向量值函数，或者是定义于区间 I 取值于 R^3 的一个映射.

$x(t)$，$y(t)$ 和 $z(t)$ 分别称为向量值函数 $\overrightarrow{r}(t)$ 的 x 分量、y 分量和 z 分量.如果 $x(t)$，$y(t)$ 和 $z(t)$ 都在某个点 t_o 连续，则称向量值函数 $\overrightarrow{r}(t)$ 在点 t_o 连续.这时有

$$\overrightarrow{r}(t_o) = [x(t_o), y(t_o), z(t_o)] = [\lim_{t \to t_o} x(t), \lim_{t \to t_o} y(t), \lim_{t \to t_o} z(t)] = \lim_{t \to t_o} [x(t), y(t), z(t)]$$

$$= \lim_{t \to t_o} \overrightarrow{r}(t)$$

如果 $x(t)$，$y(t)$ 和 $z(t)$ 都在区间 I 上连续，则称 $\overrightarrow{r}(t)$ 是区间 I 上的连续向量值函数.

向量 $\overrightarrow{r}(t) = [x(t), y(t), z(t)]$ 与 R^3 中的点 M 唯一地对位，如果 $r(t)$ 在区间 I 上连续，那么当自变量 t 在区间 I 上连续变动时，点 $\overrightarrow{OM} = \overrightarrow{r}(t) = [x(t), y(t), z(t)]$ 的变动轨迹就是 R^3 中的一条连续曲线 C（$4-1$）写成分量形式

$$\begin{cases} x = x(t) \\ y = y(t) \quad (t \in I) \\ z = z(t) \end{cases} \quad (4-2)$$

则（$4-2$）式称为曲线 C 的参数方程，其中变量 t 称为参数.

当参数 t 表示时间，$\overrightarrow{r}(t) = [x(t), y(t), z(t)]$ 代表某个质点在时刻 t 的空间位置，这时（$4-1$）式或（$4-2$）式就表示质点的运动规律，曲线 C 表示质点的运动轨迹.

例 1　已知直线 L 通过点 $M(x_o, y_o, z_o)$ 并以非零向量 $\overrightarrow{v} = (v_1, v_2, v_3)$ 为方向向量，

则 L 的向量方程为

$$\vec{r}(t) = M_o + t\vec{v} \quad (-\infty < t < +\infty)$$

L 的参数方程为

$$\begin{cases} x = x_o + tv_1 \\ y = y_o + tv_2 \quad (-\infty < t < +\infty) \\ z = z_o + tv_3 \end{cases}$$

二、平面曲线的向量表示

平面曲线是空间曲线的特殊情况,故平面曲线的向量形式为

$$\Gamma : \vec{r}(t) = [x(t), y(t)] \quad (a \le t \le b) \tag{4-3}$$

例 2　函数 $y = \sqrt{1-x^2}$ 在平面直角坐标系 xOy 下表示以原点为圆心的上半开单位圆周,若用半开单位圆周向量形式参数方程表示,在 E^3 中可写为

$$\vec{r}(t) = [t, \sqrt{1-t^2}, 0], t \in (-1, 1)$$

在 E^2 中可写为

$$\vec{r}(t) = [t, \sqrt{1-t^2}], t \in (-1, 1)$$

即是平面曲线方程的向量表示.

三、曲线的切线及弧长

1. 曲线的切线

(1) 设曲线的参数方程为

$$C : \begin{cases} x = x(t) \\ y = y(t) \quad (a \le t \le b) \\ z = z(t) \end{cases}$$

且 $x(t), y(t), z(t)$ 对 t 可导.

如果 $x'(t), y'(t), z'(t)$ 都在 $[a,b]$ 上连续,且 $\forall t \in [a,b]$,$x'(t), y'(t), z'(t)$ 不全为零,称这样的曲线为光滑曲线.

过曲线上一点 $M_o(x_o, y_o, z_o)$(对应参数 $t = t_o$)的切线定义为动点 $M(x_o + \Delta x, y_o + \Delta y, z_o + \Delta z)$(对应参数 $t = t_o + \Delta t$)沿曲线 C 趋于 M_o 时,割线 M_oM 的极限位置 M_0T 称为曲线 C 在 M_o 点的切线,切点为 M_o.

因为 $\overrightarrow{M_oM} = (\Delta x, \Delta y, \Delta z)$,可以取 $\overrightarrow{M_oM}$ 为直线 M_oM 的方向向量,所以过 M_o 与 M 的割线方程为

$$\frac{x - x_o}{\Delta x} = \frac{y - y_o}{\Delta y} = \frac{z - z_o}{\Delta z},$$

上式中乘以 $\Delta t (\Delta t \ne o)$ 得

$$\frac{x - x_o}{\frac{\Delta x}{\Delta t}} = \frac{y - y_o}{\frac{\Delta y}{\Delta t}} = \frac{z - z_o}{\frac{\Delta z}{\Delta t}}$$

当 $M \to M_o$ 时, $\Delta t \to 0$, 就得到曲线 C 在点 M_o 处的切线方程

$$\frac{x - x_o}{x'(t_o)} = \frac{y - y_o}{y'(t_o)} = \frac{z - z_o}{z'(t_o)},$$

其中 $x'(t_o), y'(t_o), z'(t_o)$ 不全为零.

向量 $\vec{s} = [x'(t_o), y'(t_o), z'(t_o)]$ 就是曲线 C 在点 M_o 处切线的方向向量, 也称为切向量.

例 3 求螺旋线 $C: \begin{cases} x = a\cos t \\ y = a\sin t \\ z = ct \end{cases}$ (a, c 为常数), 在点 $(a, 0, 0)$ 的切线方程.

解 对应于点 $(a, 0, 0)$ 的参数 $t = 0$, 故在 $(a, 0, 0)$ 的切向量是

$$\vec{s} = [x'(t), y'(t), z'(t)]\big|_{t=0} = (-a\sin t, a\cos t, c)\big|_{t=0} = (0, a, c)$$

所以螺旋线 C 在点 $(a, 0, 0)$ 处的切线方程为

$$\frac{x - a}{0} = \frac{y - 0}{a} = \frac{z - 0}{c}$$

(2) 设空间曲线 C 的方程组为

$$\begin{cases} F(x, y, z) = 0 \\ G(x, y, z) = 0 \end{cases}$$

如果 F 和 G 满足方程组的隐函数存在定理的条件, 由方程组可唯一确定一组连续的可微的函数 $y = y(x), z = z(x)$. 这表明曲面 $F(x, y, z) = 0$ 和曲面 $G(x, y, z) = 0$ 确定了一条光滑曲线 C (即两曲面的交线), 其方程为

$$C: \begin{cases} y = y(x) \\ z = z(x) \end{cases}$$

于是曲线 C 在 M_o 的切向量为

$$\vec{s} = [1, y'(x), z'(x)]\big|_{M_o}$$

其中 $y'(x), z'(x)$ 的求法可按方程组的情形求隐函数组的导数方法.

例 4 求两个圆柱面 $\begin{cases} x^2 + y^2 = 1 \\ x^2 + z^2 = 1 \end{cases}$ 的交线在点 $M_o(\frac{1}{\sqrt{2}}, \frac{1}{\sqrt{2}}, \frac{1}{\sqrt{2}})$ 的切线方程.

解 在点 M_o 的近旁由上述两柱面确定了一条光滑的交线

$$\begin{cases} y = y(x) \\ z = z(x) \end{cases}$$

其切向量是

$$\vec{s} = [1, y'(x), z'(x)]\big|_{M_o}$$

将方程组关于 x 求导,得

$$\begin{cases} 2x + 2yy'(x) = 0 \\ 2x + 2zz'(x) = 0 \end{cases}$$

解得

$$y'(x) = -\frac{x}{y}, z'(x) = -\frac{x}{z}$$

所以

$$\vec{s} = \left(1, -\frac{x}{y}, -\frac{x}{z}\right)\bigg|_{M_o} = (1, -1, -1)$$

曲线在点 p_o 的切线方程是

$$\frac{x - \dfrac{1}{\sqrt{2}}}{1} = \frac{y - \dfrac{1}{\sqrt{2}}}{-1} = \frac{z - \dfrac{1}{\sqrt{2}}}{-1}$$

(3) 假设向量值函数 $\vec{r}(t)$ 在点 t_o 的某个邻域中有定义,令 $\Delta t = t - t_o, \overrightarrow{\Delta r} = \vec{r}(t_o + \Delta t) - \vec{r}(t_o)$. 如果极限 $\lim\limits_{\Delta t \to 0} \dfrac{\overrightarrow{\Delta r}}{\Delta t}$ 存在,则称向量值函数 $\vec{r}(t)$ 在点 t_o 可导,并称该极限为向量值函数 $\vec{r}(t)$ 在点 t_o 的导数,记作 $\vec{r}'(t_o)$,或者 $\dfrac{d\vec{r}}{dt}\bigg|_{t_o}$.

显然,如果 $\vec{r}'(t_o)$ 存在,那么它是一个确定的只与 t_o 有关的向量.因为 $\vec{r}(t) = [x(t), y(t), z(t)]$,所以

$$\vec{r}'(t_o) = \lim_{\Delta t \to 0} \frac{\overrightarrow{\Delta r}}{\Delta t}$$

$$= \left[\lim_{\Delta t \to 0} \frac{x(t_o + \Delta t) - x(t_o)}{\Delta t}, \lim_{\Delta t \to 0} \frac{y(t_o + \Delta t) - y(t_o)}{\Delta t}, \lim_{\Delta t \to 0} \frac{z(t_o + \Delta t) - z(t_o)}{\Delta t}\right]$$

$$= [x'(t_o), y'(t_o), z'(t_o)]$$

因此,$\vec{r}'(t_o)$ 存在的充分必要条件是 3 个分量的导数 $x'(t_o), y'(t_o), z'(t_o)$ 都存在.

假设空间曲线的向量方程式与参数方程分别为

$$\vec{r}(t) = [x(t), y(t), z(t)] = x(t)\vec{i} + y(t)\vec{j} + z(t)\vec{k} \quad (t \in I)$$

和

$$\begin{cases} x = x(t) \\ y = y(t) \quad (t \in I) \\ z = z(t) \end{cases}$$

$M_o(x_o, y_o, z_o) = M_o(x(t_o), y(t_o), z(t_o))$ 为曲线 C 上的一点,向量值函数 $\vec{r}(t)$ 在点 t_o

可导,在 C 上 M_o 的附近任取一点 $M(x(t),y(t),z(t))$,过 M_o 和 M 两点作曲线 C 的割线 $\overrightarrow{M_oM}$,此割线的一个方向向量为

$$\vec{v_t} = \left[\frac{x(t)-x(t_o)}{t-t_o}, \frac{y(t)-y(t_o)}{t-t_o}, \frac{z(t)-z(t_o)}{t-t_o}\right]$$

$$= \frac{\vec{r}(t_o+\Delta t)-\vec{r}(t_o)}{\Delta t}$$

$$= \frac{\Delta\vec{r}}{\Delta t}$$

由于 $\vec{r}(t)$ 在点 t_o 可导,所以当 $t \to t_o$ 时,向量 $\vec{v_t}$ 就趋向于极限向量

$$\vec{v} = \vec{r}'(t_o) = [x'(t_o),y'(t_o),z'(t_o)]$$

如果 3 个导数 $x'(t_o),y'(t_o),z'(t_o)$ 不全等于零(即 $x'(t_o)^2 + y'(t_o)^2 + z'(t_o)^2 \neq 0$),则 $\vec{r}'(t_o)$ 是一个非零向量,向量 $\vec{v} = \vec{r}'(t_o) = [x'(t_o),y'(t_o),z'(t_o)]$ 称为曲线 C 在点 M_o 处的切向量.

经过点 M_o 并且以 $\vec{r}'(t_o)$ 为方向向量的直线称为曲线 C 在点 M_o 处的切线,切线的向量参数方程为

$$\vec{r} = \vec{r_o} + \vec{r}'(t_o) \cdot t \quad (-\infty < t < +\infty)$$

其中 $\vec{r_o} = \vec{r}(t_o) = [x(t_o),y(t_o),z(t_o)]$.

切线的坐标参数方程是

$$\begin{cases} x = x_o + x'(t_o) \cdot t \\ y = y_o + y'(t_o) \cdot t \quad (-\infty < t < +\infty) \\ z = z_o + z'(t_o) \cdot t \end{cases}$$

例 5　求圆柱螺线 $\begin{cases} x = a\cos t \\ y = a\sin t \\ z = ct \end{cases}$, $a > 0, c > 0$. 在点 $M_o(\frac{a}{\sqrt{2}}, \frac{a}{\sqrt{2}}, \frac{\pi c}{\sqrt{4}})$ 处的切线.

解　由于 3 个分量的函数都是可导函数,而点 M_o 对应的参数为 $t_o = \frac{\pi}{4}$,所以螺线在 M_o 处的切向量是

$$\vec{v} = \vec{r}'(\frac{\pi}{4}) = \left[x'(\frac{\pi}{4}), y'(\frac{\pi}{4}), z'(\frac{\pi}{4})\right] = \left(-\frac{a}{\sqrt{2}}, \frac{a}{\sqrt{2}}, c\right)$$

因而所求切线的参数方程为

$$\begin{cases} x = \dfrac{a}{\sqrt{2}} - \dfrac{a}{\sqrt{2}}t \\[2mm] y = \dfrac{a}{\sqrt{2}} + \dfrac{a}{\sqrt{2}}t \\[2mm] z = \dfrac{\pi}{4} + ct \end{cases}$$

若参数 t 表示时间，$\vec{r}(t) = [x(t), y(t), z(t)]$ 代表某个质点在时刻 t 的空间位置，则导数 $\vec{r}'(t)$ 和二阶导数 $\vec{r}'(t)$ 分别表示质点在时刻 t 的运动速度和加速度.

例 6　设空间质点的运动轨迹为上例中的圆柱螺线，求质点在任意时刻 t 的速度和加速度.

解　因为质点的运动轨迹为 $\vec{r}(t) = (acost, asint, ct)$，所以质点在时刻 t 的运动速度为

$$\vec{r}'(t) = [x'(t), y'(t), z'(t)] = (-asint, acost, c)$$

质点在时刻 t 的加速度为

$$\vec{r}''(t) = [x''(t), y''(t), z''(t)] = (-acost, -asint, 0)$$

2. 曲线的弧长

设 f 定义在区间 I 上，f' 在 I 上连续，从平面曲线 $\Gamma: y = f(x)$ 上固定点 $M_o[x_o, f(x_o)]$ 作为计算弧长的起点，对 Γ 上的任一点 $M[x, f(x)]$，记弧长 $\overparen{M_oM}$ 为 $s(x)$，约定朝 x 增加的方向弧长 s 为正，朝 x 减少的方向弧长为负，因此 $s(x)$ 是 x 的严格增加函数.

（1）考虑 x 改变到 $x + \Delta x$，曲线上的点 M 变到 N，得到弧长的改变量是

$$\Delta s = \overparen{M_oN} - \overparen{M_oM} = \overparen{MN}$$

于是

$$\left(\frac{\Delta s}{\Delta x}\right)^2 = \frac{\overparen{MN}^2}{\Delta x^2} = \left(\frac{\overparen{MN}}{MN}\right)^2 \left(\frac{MN}{\Delta x}\right)^2 = \left(\frac{\overparen{MN}}{MN}\right)^2 \frac{\Delta x^2 + \Delta y^2}{\Delta x^2} = \left(\frac{\overparen{MN}}{MN}\right)^2 \left(1 + \left(\frac{\Delta y}{\Delta x}\right)^2\right)$$

当 $\Delta x \to 0$ 时，$N \to M$，这时 $\left|\dfrac{\overparen{MN}}{MN}\right| \to 1$，故

$$s'^2(x) = \lim_{\Delta x \to 0} \left(\frac{\Delta s}{\Delta x}\right)^2 = \lim_{\Delta x \to 0}\left(1 + \left(\frac{\Delta y}{\Delta x}\right)^2\right) = 1 + f'^2(x)$$

$$s'(x) = \sqrt{1 + f'^2(x)}$$

这样可得

$$ds = \sqrt{1 + \left(\frac{dy}{dx}\right)^2}\, dx$$

即

$$ds^2 = dx^2 + dy^2$$

这就是弧微分公式.

（2）当平面曲线用参数方程给出时，有

$$\begin{cases} x = \varphi(t) \\ y = \psi(t) \end{cases}, t \in I$$

则有

$$ds^2 = dx^2 + dy^2 = \left[\varphi'^2(t) + \psi'^2(t) \right] dt^2$$

c.当平面曲线用极坐标方程 $\rho = \rho(\theta), \theta \in I$ 给出时，因为

$$\begin{cases} x = \rho(\theta)cos\theta \\ y = \rho(\theta)sin\theta \end{cases}, \theta \in I$$

故由

$$dx = (\rho'(\theta)cos\theta - \rho(\theta)sin\theta)d\theta$$
$$dy = (\rho'(\theta)sin\theta + \rho(\theta)cos\theta)d\theta$$

可得

$$ds^2 = (\rho^2(\theta) + \rho'^2(\theta))d\theta^2$$

以弧微分作弧长微元，即以 $\sqrt{1 + f'^2(x)}\,dx$ 为被积表达式，区间 I 上作定积分，便可求到弧长.因此，在直角坐标系下，曲线弧段 $y = y(x), (x \in I)$ 的长度为

$$s = \int_{x \in I} \sqrt{1 + f'^2(x)}\,dx$$

若曲线 C 由方程 $\begin{cases} x = x(t) \\ y = y(t) \end{cases}, (\alpha \leq t \leq \beta)$ 给出，其中 $x(t), y(t)$ 在 $[\alpha, \beta]$ 上有连续导数，弧长微元为

$$ds = \sqrt{x'^2(t) + y'^2(t)}\,dt$$

从而得到在参数方程下的平面曲线的弧长公式

$$s = \int_\alpha^\beta \sqrt{x'^2(t) + y'^2(t)}\,dt$$

这个公式推广到空间曲线的情形，若空间曲线的弧长的方程为

$$\begin{cases} x = x(t) \\ y = y(t) \\ z = z(t) \end{cases}$$

其中 $x(t), y(t), z(t)$ 在 $[\alpha, \beta]$ 上具有连续导数，则空间曲线的弧长公式为

$$s = \int_\alpha^\beta \sqrt{x'^2(t) + y'^2(t) + z'^2(t)}\,dt$$

例7　求螺线 $\begin{cases} x = acost \\ y = asint \\ z = ct \end{cases}, a > 0, c > 0$ 从点 $A(a,0,0)$ 到 $B(a,0,2\pi c)$ 一段弧的弧长.

解 点 A,B 分别对应于参数 $t = 0, t = 2\pi$，于是由公式 $s = \int_\alpha^\beta \sqrt{x'^2(t) + y'^2(t) + z'^2(t)} \, dt$ 得到

$$s = \int_0^{2\pi} \sqrt{a^2 \sin^2 t + a^2 \cos^2 t + c^2} \, dt = \int_0^{2\pi} \sqrt{a^2 + c^2} \, dt = 2\pi\sqrt{a^2 + c^2}.$$

设有曲线 $C: \vec{r} = \vec{r}(t)$，考虑如下积分

$$s(t) = \int_{t_0}^t \left| \frac{d\vec{r}}{dt} \right| dt,$$

其中 t_0 和 t 分别是 C 上的 p_0 和 p 点所对应的参数，若选取曲线 C 的另一参数变换 $\bar{t} = \bar{t}(t)$，p_0 和 p 两点所对应的参数分别为 $\bar{t}_0$ 和 $\bar{t}$，则当 $\dfrac{d\bar{t}}{dt} > 0$ 时，有

$$s(t) = \int_{t_0}^t |\vec{r}'(t)| \, dt = \int_{t_0}^t \left| \frac{d\vec{r}}{dt} \right| dt = \int_{\bar{t}_0}^{\bar{t}} \left| \frac{d\vec{r}}{dt} \frac{d\bar{t}}{dt} \right| \left| \frac{dt}{d\bar{t}} \right| d\bar{t} = \int_{\bar{t}_0}^{\bar{t}} \left| \frac{d\vec{r}}{d\bar{t}} \right| d\bar{t} = s(\bar{t})$$

这表明积分 $s(t) = \int_{t_0}^t \left| \dfrac{d\vec{r}}{dt} \right| dt$ 只依赖于曲线 C 上的点 p_0 与点 p，而与参数的选取无关.

它是曲线在参数变换下的不变量（或称不变式），对于曲线 C，由于

$$\frac{ds}{dt} = \left| \frac{d\vec{r}}{dt} \right| > 0,$$

所以 s 与 t 之间的对应是一一对应. 若用 s 取代 t 作为曲线 C 的参数，则该参数称为曲线 C 的自然参数.

对于曲线 $C: \vec{r} = \vec{r}(t)$，当 $t > t_0$ 时，取

$$l(t) = s(t) = \int_{t_0}^t \left| \frac{d\vec{r}(t)}{dt} \right| dt;$$

当 $t < t_0$ 时，取

$$l(t) = |s(t)| = \left| \int_{t_0}^t \left| \frac{d\vec{r}(t)}{dt} \right| dt \right|$$

$l(t)$ 称为曲线 Γ 从 t_0 到 t 的弧长，其中

$$\left| \frac{d\vec{r}}{dt} \right| = \sqrt{\left(\frac{dx(t)}{dt} \right)^2 + \left(\frac{dy(t)}{dt} \right)^2 + \left(\frac{dz(t)}{dt} \right)^2}$$

是切向量 $\dfrac{d\vec{r}}{dt}$ 的长度.

根据上述可知，自然参数实质上是弧长参数，只不过在 $t < t_0$ 时，弧长是自然参数值的相反数.

由 $s(t) = \int_{t_0}^t \left| \dfrac{d\vec{r}}{dt} \right| dt$ 可得

$$ds = |\vec{r}'(t)|\,dt$$

$$ds^2 = \vec{r}'^2(t)\,dt^2 = d\vec{r}^2$$

$$ds^2 = dx^2 + dy^2 + dz^2$$

推出

$$|\vec{r}'(s)| = \left|\frac{d\vec{r}}{ds}\right| = 1$$

也就是说,引进自然参数 s 后,切向量 $\vec{r}'$ 是单位向量,称为单位切向量.

约定:在一个量(向量)上加几点,就表示对曲线的弧长参数求几阶导数,例如:

$$\dot{\vec{r}} = \frac{d\vec{r}}{ds},\ \ddot{\vec{r}} = \frac{d^2\vec{r}}{ds^2},\cdots\cdots$$

第四节 曲线的曲率

关于曲线的曲率的定义及应用在现实生活中有着重要的地位.随着科学技术越来越发达,曲线的曲率也会出现在越来越多的领域中.曲线上各点处的弯曲程度是描述曲线局部形态的一个重要标志,曲率就是这一特征的反映.

一、空间曲线的曲率

设给定的空间曲线 $\Gamma:\vec{r}=\vec{r}(s)$ 是 C^3 类曲线,其中 s 为曲线的自然参数,在其上赋予 $Frenet$ 标架 $[\vec{r}(s);\vec{\alpha}(s),\vec{\beta}(s),\vec{\gamma}(s)]$,则参数 s 的变化导致标架基本向量的变化,而标架的变化刻画出曲线 Γ 在一点邻近的形状.

$|\dot{\vec{\alpha}}|=|\ddot{\vec{r}}|$ 是 $\vec{\alpha}(s)$ 对 s 的旋转速度,它刻画出 Γ 在 s 点邻近的弯曲程度.

对于曲线 $\Gamma:\vec{r}=\vec{r}(s)$,称 $k(s)=|\ddot{\vec{r}}(s)|$ 为曲线 Γ 在 s 点的曲率,当 $k(s)\neq0$ 时,其倒数 $\rho(s)=\dfrac{1}{k(s)}$ 称为曲线 Γ 在 s 点的曲率半径.

注:曲率 $k(s)$ 为 $\vec{\alpha}$ 对 s 的旋转速度,并且 $\dot{\vec{\alpha}}(s)=k(s)\vec{\beta}(s)$.事实上, $\dot{\vec{\alpha}}=\ddot{\vec{r}}=|\ddot{\vec{r}}|\dfrac{\ddot{\vec{r}}}{|\ddot{\vec{r}}|}=|\dot{\vec{\alpha}}|\vec{\beta}=k\vec{\beta}$.

定理 4.1 空间曲线 $\Gamma:\vec{r}=\vec{r}(s)$ 为直线的充分必要条件是其曲率 $k(s)\equiv0$.

证明 若 Γ 为直线 $\vec{r}(s)=s\vec{a}+\vec{b}$,其中 $\vec{a}$ 和 $\vec{b}$ 都是常量,并且 $|\vec{a}|=1$,则 $k(s)=$

$|\overset{..}{\vec{r}}(s)|=0$;反之,若 $k(s)=|\overset{..}{\vec{r}}(s)|\equiv0$,则 $\overset{..}{\vec{r}}(s)\equiv\vec{o}$,两次积分后有 $\vec{r}(s)=s\vec{a}+\vec{b}$, 所以该曲线是直线.

设曲线 Γ 的一般参数表示为 $\vec{r}=\vec{r}(t)$,则有

$$\vec{r}'(t)=\frac{d\vec{r}}{ds}\frac{ds}{dt}=\overset{.}{\vec{r}}\frac{ds}{dt},\quad \vec{r}''(t)=\overset{..}{\vec{r}}\left(\frac{ds}{dt}\right)^2+\overset{.}{\vec{r}}\frac{d^2s}{dt^2}$$

于是

$$\vec{r}'\times\vec{r}''=\overset{.}{\vec{r}}\frac{ds}{dt}\times\left[\overset{..}{\vec{r}}\left(\frac{ds}{dt}\right)^2+\overset{.}{\vec{r}}\frac{d^2s}{dt^2}\right]=\overset{.}{\vec{r}}\times\overset{..}{\vec{r}}\left(\frac{ds}{dt}\right)^3$$

$$|\vec{rv}\times\vec{r}''|=|\overset{.}{\vec{r}}||\overset{..}{\vec{r}}|sin<\overset{.}{\vec{r}},\overset{..}{\vec{r}}>\left(\frac{ds}{dt}\right)^3$$

因为 $|\overset{.}{\vec{r}}|=1,\overset{.}{\vec{r}}\perp\overset{..}{\vec{r}},\frac{ds}{dt}=|\vec{r}'|$,所以 $|\vec{r}'\times\vec{r}''|=k|\vec{r}'|^3$. 由此得到曲率的一般参数表达式

$$k=\frac{|\vec{r}'\times\vec{r}''|}{|\vec{r}'|^3} \qquad (4-4)$$

设给定空间曲线 Γ,在其上一点 $p(s)$ 的主法向量的正侧取线段 pc,使得 pc 的长度为 $\rho=\frac{1}{k}$,以点 C 为圆心,以 ρ 为半径在点 $p(s)$ 的密切平面上确定一个圆,则这个圆称为曲线 Γ 在点 $p(s)$ 的曲率圆(密切圆),曲率圆的圆心称为曲率中心,曲率圆的半径称为曲率半径.

例 1　试求圆柱螺线 $\vec{r}=(acost,asint,bt)(-\infty<t<+\infty,a>0,b\neq0)$,$a$、$b$ 均为常数的曲率.

解　因为 $\vec{r}=(acost,asint,bt)$,所以

$$\vec{r}'=(-asint,acost,b),\quad \vec{r}''=(-acost,-asint,0),\quad \vec{r}'''=(asint,-acost,0)$$

因此

$$|\vec{r}'|=\sqrt{a^2+b^2},\quad \vec{r}'\times\vec{r}''=(absint,-abcost,a^2),\quad |\vec{r}'\times\vec{r}''|=\sqrt{a^2b^2+a^4}$$

将以上各式代入曲率的公式,可得

$$k=\frac{|\vec{r}'\times\vec{r}''|}{|\vec{r}'|^3}=\frac{a}{a^2+b^2}$$

所以圆柱螺线的曲率是常数.

例 2　求曲线 $C:\begin{cases}x^2+y^2+z^2=1\\x^2+y^2=x\end{cases}$ 在 $(0,0,1)$ 处的曲率 k.

解　曲线 C 是球面和圆柱面的交线,由两部分组成,我们所考虑的点落在上半

球面内.解此题的方法有两种:一种方法是把该曲线在点$(0,0,1)$的邻域内的部分用参数方程表示出来,然后可以把曲线用参数方程表示为

$$\vec{r}(t)=\left(\frac{1}{2}+\frac{1}{2}cost,\frac{1}{2}sint,\sqrt{\frac{1}{2}-\frac{1}{2}cost}\right)$$

点$(0,0,1)$对应于参数$t=\pi$.但是,有时候用参数方程表示两个曲面的交线比较复杂,涉及解函数方程.因此,我们在此介绍第二种方法:

假设曲线的参数方程是$\vec{r}(s)=[x(s),y(s),z(s)]$,其中$s$是弧长参数,并且$s=0$对应于点$(0,0,1)$.因此,函数$x(s),y(s),z(s)$满足下列方程组

$$\begin{cases}x^2(s)+y^2(s)+z^2(s)=1\\x^2(s)+y^2(s)-x(s)=0\\(x'(s))^2+(y'(s))^2+(z'(s))^2=1\end{cases} \quad(4-5)$$

将$(4-5)$式中的前两式关于s求导得到

$$\begin{cases}x(s)x'(s)+y(s)y'(s)+z(s)z'(s)=0\\2x(s)x'(s)+2y(s)y'(s)-x'(s)=0\end{cases} \quad(4-6)$$

再令$s=0$得到$z'(0)=0,x'(0)=0$,故$[y'(0)]^2=1$,不妨取$y'(0)=1$,则

$$\vec{\alpha}(0)=\vec{r}'(0)=(0,1,0) \quad(4-7)$$

将$(4-5)$式的第三式和$(4-6)$式关于s求导得到

$$\begin{cases}x'(s)x''(s)+y'(s)y''(s)+z'(s)z''(s)=0\\x(s)x''(s)+y(s)y''(s)+z(s)z''(s)=-1\\x(s)x''(s)+y(s)y''(s)+(x'(s))2+(y'(s))2=\frac{1}{2}x''(s)\end{cases} \quad(4-8)$$

令$s=0$得到

$$y''(0)=0,z''(0)=-1,x''(0)=2$$

即

$$\vec{r}''(0)=(2,0,-1)$$

由定义得知

$$k(0)=|\vec{r}''(0)|=\sqrt{5}$$

二、平面曲线的曲率

在工程技术中,常常需要考虑曲线的弯曲程度,例如,在设计高速公路及铁路的弯道时,必须考虑弯道处的弯曲度;在房屋建造中的房梁,机床的转轴等,它们在荷载作用下要产生弯曲变形,在设计时对它们的弯曲程度要有一定限制,这就要定量地研究它们的弯曲程度,数学上常用"曲率"这一概念来描述曲线的弯曲程度(如图$4-6$所示).

考察$4-6$由参数方程$\begin{cases}x=x(t)\\y=y(t)\end{cases}$,$t\in[\alpha,\beta]$给出的光滑曲线$C$,我们看到弧段

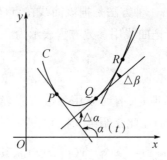

图 4 - 6　曲线示 C 意图

$\overset{\frown}{PQ}$ 与 $\overset{\frown}{QR}$ 的长度相差不多,而其弯曲程度却很不一样.这反应为当动点沿曲线 C 从点 P 移至 Q 时,切线转过的角度 $\Delta\alpha$ 比动点 Q 移至 R 时,切线转过的角度 $\Delta\beta$ 要大得多.

设 $\alpha(t)$ 表示曲线在点 $P(x(t),y(t))$ 处切线的倾角,$\Delta\alpha = \alpha(t+\Delta t) - \alpha(t)$ 表示动点由 P 曲线移至 $Q(x(t+\Delta t),y(t+\Delta t))$ 时切线倾角的增量.若 $\overset{\frown}{PQ}$ 之长为 Δs,则称 $\bar{k} = \left|\dfrac{\Delta\alpha}{\Delta s}\right|$ 为弧段 $\overset{\frown}{PQ}$ 的平均曲率,如果存在极限 $k = \left|\lim\limits_{\Delta t\to 0}\dfrac{\Delta\alpha}{\Delta s}\right| = \left|\lim\limits_{\Delta s\to 0}\dfrac{\Delta\alpha}{\Delta s}\right| = \left|\dfrac{d\alpha}{ds}\right|$,则称此极限 k 为曲线 C 在点 P 处的曲率.

由于假设 C 为光滑曲线,故总有

$$\alpha(t) = arctan\frac{y'(t)}{x'(t)} \text{ 或 } \alpha(t) = arccot\frac{x'(t)}{y'(t)}$$

又若 $x(t)$ 与 $y(t)$ 二阶可导,则由弧微分 $ds = \sqrt{ds^2 + dy^2}$ 可得

$$\frac{d\alpha}{ds} = \frac{\alpha'(t)}{s'(t)} = \frac{x'(t)y''(t) - x''(t)y'(t)}{[x'^2(t) + y'^2(t)]^{\frac{3}{2}}}$$

所以曲率计算公式为

$$k = \frac{|x'y'' - x''y'|}{(x'^2 + y'^2)^{\frac{3}{2}}} \qquad (4-9)$$

若曲线由 $y = f(x)$ 表示,则相应的曲率公式为

$$k = \frac{|y''|}{(1 + y'^2)^{\frac{3}{2}}} \qquad (4-10)$$

例 3　求椭圆 $\begin{cases} x = acost \\ y = bsint \end{cases}$,$(0 \le t \le 2\pi)$ 上曲率最大和最小的点.

解　由于

$$x' = -asint, x'' = -acost, y' = bcost, y'' = -bsint$$

因此由(4 - 4)式得椭圆上任意点处的曲率为

$$k = \frac{ab}{(a^2 sin^2 t + b^2 cos^2 t)^{\frac{3}{2}}} = \frac{ab}{[(a^2 - b^2) sin^2 t + b^2]^{\frac{3}{2}}}$$

当 $a > b > 0$ 时,在 $t = 0$、π(长轴端点)处曲率最大,而在 $t = \dfrac{\pi}{2}$、$\dfrac{3\pi}{2}$(短轴端点)处曲率最小,且 $k_{max} = \dfrac{a}{b^2}$,$k_{min} = \dfrac{b}{a^2}$.

若 $a = b = R$,椭圆成为圆时,显然有 $k = \dfrac{1}{R}$,即在圆上各点处的曲率相同,其值为半径的倒数.

例 4 抛物线 $y = ax^2 + bx + c$ 上哪一点的曲率最大?

解 由于 $y' = 2ax + b$,$y'' = 2a$,因此由(4-5)式得椭圆上任意点处的曲率为

$$k = \frac{|2a|}{[1 + (2ax + b)^2]^{3/2}}$$

$k_{max} = |2a|$,这时 $2ax + b = 0$,$x = -\dfrac{b}{2a}$,即在点 $\left(-\dfrac{b}{2a}, -\dfrac{b^2 - 4ac}{4a}\right)$ 处曲率最大,因为 $y = a\left(x^2 + \dfrac{bx}{a} + \dfrac{c}{a}\right) = a\left[\left(x + \dfrac{b}{2a}\right)^2 + \dfrac{4ac - b^2}{4a^2}\right]$,所以这一点恰是抛物线的顶点.

例 5 如果光滑曲线以极坐标形式给出,试导出它的曲率计算公式.

解 设曲线的极坐标方程为 $\rho = p(\theta)$,相应的参数方程是 $\begin{cases} x = \rho(\theta)\cos\theta \\ y = \rho(\theta)\sin\theta \end{cases}$

将 $\begin{cases} x = \rho(\theta)\cos\theta - \rho(\theta)\sin\theta \\ y = \rho(\theta)\sin\theta + \rho(\theta)\cos\theta \end{cases}$,$\begin{cases} x' = \rho'(\theta)\cos\theta - 2\rho(\theta)\sin\theta - \rho(\theta)\cos\theta \\ y' = \rho'(\theta)\sin\theta + 2\rho(\theta)\cos\theta - \rho(\theta)\sin\theta \end{cases}$ 代入参数方程下的曲率公式

$k = \dfrac{|x'y'' - x''y'|}{|x'^2 + y'^2|^{\frac{3}{2}}}$ 中并化简,得极坐标方程表示下的曲率公式 $k = \dfrac{\rho^2(\theta) + 2^2(\theta) - \rho(\theta)\rho'(\theta)}{[\rho^2(\theta) + \rho^2(\theta)]^{\frac{3}{2}}}$.

在研究许多问题时,在曲线 $\Gamma: y = f(x)$ 的某一点 $M_0(x_0, y_0)$ 附近用一段圆弧 $y = \phi(x)$ 去近似地代替它会带来很多好处,显然代替时,有如下要求:

(1)圆弧与曲线都通过点,即 $\phi(x_0) = f(x_0)$;

(2)圆弧与曲线在点 (x_0, y_0) 有公共切线,即 $\phi'(x_0) = f'(x_0)$;

(3)圆弧与曲线在点 (x_0, y_0) 有相同的弯曲方向与弯曲程度,即 $\dfrac{|\phi''(x_0)|}{[1 + \phi'^2(x_0)]^{3/2}} = \dfrac{|f''(x_0)|}{[1 + f'^2(x_0)]^{3/2}}$,且 $\phi''(x_0)$ 与 $f''(x_0)$ 同号,因而 $\phi''(x_0) = f''(x_0)$.

满足上述三个条件的圆弧所在的圆称为曲线 Γ 在点 M_0 处的密切圆或曲率圆.

由于密切圆与曲线在点 M_0 处有公共切线,所以密切圆的圆心位于曲线在 M_0 处的法线指向凹向的一侧.

密切圆的半径是它的曲率的倒数

$$R = \frac{1}{k} = \frac{[1 + f'^2(x_0)]^{3/2}}{|f'(x_0)|}$$

设密切圆的方程是 $(x - a)^2 + (y - b)^2 = R^2$，求一、二阶导数 $\begin{cases} x - a + (y - b)y = 0 \\ 1 + y^2 + (y - b)y' = 0 \end{cases}$.

由于有上述三个条件，以 n 代入密切圆的一、二阶导数里得

$$\begin{cases} x_0 - a + [f(x_0) - b]f(x_0) = 0 \\ 1 + f'^2(x_0) + [f(x_0) - b]f'(x_0) = 0 \end{cases}$$

由此可解得

$$\begin{cases} a = x_0 - f(x_0)\dfrac{1 + f'^2(x_0)}{f'(x_0)} \\[3mm] b = y_0 + \dfrac{1 + f'^2(x_0)}{f'(x_0)} \end{cases}$$

称 (a, b) 为曲线 Γ 在点 M_0 处的曲率中心.

三、曲率的相关应用

曲率是用来刻画曲线的弯曲程度. 直观上，当一点沿曲线以单位速度进行运动时，方向向量转动的快慢反映了曲线的弯曲程度. 半径小的圆比半径大的圆弯曲得厉害. 曲率在工程技术、自然科学和日常生活中有着重要的作用.

例 6 设铁轨的直道为 x 轴上的 BO 段，从点 O 处开始拐弯，如图 4-7 所示抛物线 $y = bx^2$ (b 为正常数) 中 $0 < x < a$ 的一段作为转向曲线会有什么问题？如何改进？

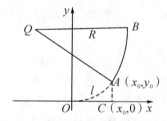

图 4-7 铁轨示意图

解 如果用抛物线 $y = bx^2$ 的一段作为转向曲线，则铁轨的函数方程为

$$y(x) = \begin{cases} 0, & x \leqslant 0 \\ bx^2, & 0 < x \leqslant a \end{cases}$$

由于 $\lim\limits_{x \to 0^-} y' = 0$，$\lim\limits_{x \to 0^+} y' = \lim\limits_{x \to 0} 2bx = 0$，因而函数 $y = y(x)$ 在 $x = 0$ 附近时为光滑曲线（即铁轨在这一段是光滑的）. 但是，由于 $\lim\limits_{x \to 0^-} y' = 0$，$\lim\limits_{x \to 0^+} y' = \lim\limits_{x \to 0} 2b \neq 0$，即函数 $y = y(x)$ 在 $x = 0$ 左右二阶导数不相等，这意味着曲线 $y = y(x)$ 在 $x = 0$ 处的曲率有突变. 根据力学的知识，物体做曲线运动时，其惯性力大小的计算公式为 $F = mv^2/r$（F 为物体在曲线上某点时所受的向心力大小，m 为物体的质量，v 为物体在其相应点时的速度，r 为此时所做圆周运动半径），如果将 $1/r$ 换成 k，得到 $F = kmv^2$. 因此，曲率的突变引起了

惯性力的突变.这样火车在通过这一路段时,会产生剧烈振动.

为了避免惯性力的突变,就应该要求曲线在点 O 处的曲率由零逐渐变大.由于立方抛物线 $y = bx^3$ 在 $x = 0$ 处的二阶导数为零,因此如果以立方抛物线 $y = bx^3$ 作为转向曲线就能满足曲率由零逐渐变大这个要求.

例7 设工件内表面的截线为抛物线 $y = 0.4x^2$,现在要用砂轮磨削其内表面,问用直径多大的砂轮才比较合适?

解 为了在磨削时不使砂轮与工件接触附近的那部分工件被磨去太多,砂轮的半径应小于或等于抛物线上各点处曲率半径中的最小值.抛物线在其顶点的曲率最大,也就是说抛物线在其顶点处的曲率半径最小.因此需要先求出抛物线 $y = 0.4x^2$ 在顶点 $O(0,0)$ 处的曲率.

由于 $y' = 0.8x, y'' = 0.8$;从而有 $y'|_{x=0} = 0, y''|_{x=0} = 0.8$.将他们代入公式 $k = \dfrac{|y''|}{(1 + y'^2)^{3/2}}$ 得 $k_{(0,0)} = 0.8$,因而求得抛物线在顶点处的曲率半径 $R = \dfrac{1}{k} = 1.25$.

所以选用砂轮的半径不得超过 1.25 个单位长,即直径不得超过 2.50 个单位长.故选用的砂轮的半径不应超过工件内表面的截线上各点处的曲率半径中的最小值.

例8 设工件内表面的截痕为一椭圆,现要用砂轮磨削其内表面,问选择多大的砂轮比较合适?

解 设椭圆方程为 $\begin{cases} x = a\cos t \\ y = b\sin t \end{cases}$ $(0 \le t \le 2\pi, b \le a)$,椭圆在 $(\pm a, 0)$ 处曲率最大,即曲率半径最小,且为 $R = \dfrac{(a^2\sin^2 t + b^2\cos^2 t)^{3/2}}{ab} = \dfrac{b^2}{a}$.显然,砂轮半径不超过 b^2/a 时,才不会产生过量磨损或有的地方磨不到的问题.

例9 汽车连同载重 $5t$,在抛物线拱桥上行驶,速度为 $21.6km/h$,桥的跨度为 $10m$,拱高 $0.25m$,求汽车越过桥顶时对桥的压力?

解 设抛物线拱桥的两端在 x 轴上,顶端在 y 轴上,并设拱桥的抛物线的方程为 $y = ax^2 + bx + c$,

由于抛物线过 $(5,0)$ 和 $(0,0.25)$ 两点,故可求得抛物线方程为 $y = -0.01x^2 + 0.25$,对所求的抛物线方程分别进行一阶和二阶求导得:$y' = -0.02x, y'' = -0.02$.则此抛物线在任意点处的曲率 $k = \dfrac{|y''|}{|1 + y'^2|} = \dfrac{0.02}{(1 + 0.0004x^2)^{\frac{3}{2}}}$.故在桥顶 $(0, 0.25)$ 处的曲率 $k_{0,0.25} = 0.02$,此时曲率半径为 $R = \dfrac{1}{k_{0.025}} = 50$ 米,由物理学力学知,汽车在桥顶处的向心力 $F_{向心力} = \dfrac{mv^2}{R} = 3\,600N$,又汽车连同载重 $5t$,所以汽车越过桥顶时对桥的压力 $F_N = 5 \times 10^3 g - 3\,600 = 45\,400N.$(其中 $g = 10kgm/s^2$)

例10 一架飞机沿抛物线 $y = \dfrac{x^2}{2\,000} + 1$ 的轨道向地面俯冲,在点 $(0,1)$ 处的速

度为 $600m/s$,飞行员的体重为 $75kg$,求飞行员经过点 $(0,1)$ 时飞行员对座椅的压力?

解 因抛物线 $y = \dfrac{x^2}{2\,000} + 1$,故 $y' = \dfrac{x}{1\,000}$,$y'' = \dfrac{1}{1\,000}$.则飞机在点 $(0,1)$ 处的曲率 $k = \dfrac{1}{1\,000}$,即在点 $(0,1)$ 处飞行员作半径为 $r = 1\,000m$ 的圆周运动,此时飞行员所受到的向心力 $F = mv^2/r = 27\,000N$,故飞行员对座椅的压力 $F_N = F + G = 27\,750N$.(其中 $G = mg = 750N$)

习题四

1. 设点 $A(1,2,3)$,$B(2,-1,4)$,求线段 AB 的垂直平分面的方程.

2. 方程 $x^2 + y^2 + z^2 - 2x + 4y = 0$ 表示怎样的曲面?

3. 设点 A 位于第一卦限,向径 $\overrightarrow{OA}$ 与 x 轴 y 轴的夹角依次为 $\dfrac{\pi}{3}$,$\dfrac{\pi}{4}$,且 $|\overrightarrow{OA}| = 6$,求点 A 的坐标.

4. 已知三点 $M(1,1,1)$,$A(2,2,1)$,$B(2,1,2)$,求 $\angle AMB$.

5. 证明三点 $A(1,1,1)$,$B(4,5,6)$,$C(2,3,3)$,共面.

6. 求通过 x 轴和点 $(4,-3,-1)$ 的平面方程.

7. 一平面通过两点 $M_1(1,1,1)$ 和 $M_2(0,1,-1)$,且垂直于平面 $\alpha: x + y + z = 0$,求其方程.

8. 用对称式及参数式表示直线 $\begin{cases} x + y + z + 1 = 0 \\ 2x - y + 3z + 4 = 0 \end{cases}$.

9. 求下列曲线的弧长:

$(1)\, y = x^{\frac{3}{2}}$,$0 \le x \le 4$;

$(2)\, x = a\cos^3 t$,$y = a\sin^3 t (a > 0)$,$0 \le t \le 2\pi$;

$(4)\, x = a(\cos t + t\sin t)$,$y = a(\sin t - t\cos t)(a > 0)$,$0 \le t \le 2\pi$;

$(5)\, r = a\sin^3\dfrac{\theta}{3}(a > 0)$,$0 \le \theta \le 3\pi$.

10. 计算曲线 $y = \ln x + x$ 在原点处的曲率.

11. 对数曲线 $y = \ln x$ 上哪一点处的曲率半径最小?求出该点处的曲率半径.

12. 设一个工件内表面的截线为抛物线 $y = 0.4x^2$,现在要用砂轮磨削其内表面,问用直径多大的砂轮比较合适?

第五章　差分方程

引言:随着经济的发展,金融问题越来越多地进入普通市民的生活,贷款、保险、养老金和信用卡等都涉及金融问题,个人住房抵押贷款是其中较为重要的一项.2016年2月29日中国人民银行公布了新的存、贷款利率水平,其中贷款基准利率如表5－1所示:

表5－1　　　　　　　　　中国人民银行贷款利率表

贷款	利率百分比(%)
六个月内	4.35
六个月至一年	4.35
一年至三年	4.75
三年至五年	4.75
五年以上	4.90
个人住房公积金贷款	利率百分比(%)
五年以下	2.75
五年以上	3.25

其后,上海商业银行对个人住房商业性贷款利率做出相应调整.表5－2和表5－3分别列出了上海市个人住房商业抵押贷款年利率和商业抵押贷款(万元)还款额的部分数据(仅列出了五年).

表5－2　　　　　　　上海市商业银行住房抵押贷款利率表

项目	年利率(%)
一、短期贷款	
一年以内(含一年)	4.35
二、中长期贷款	
一年至五年(含五年)	4.75
五年以上	4.90

表 5 - 3　　　　　　　上海市商业银行住房抵押贷款分期付款表　　　　　　单位:元

贷款期限	一年	二年	三年	四年	五年
月还款	一次还清	4 375.95	2 985.88	2 291.62	1 875.69
本息总和	1 043 500.00	105 022.83	107 491.61	109 997.85	112 541.47

　　我们以商业贷款 100 000 元为例,一年期贷款的年利率为 4.35%,到期一次还本付息总计 104 350.00 元,这很容易理解.然而二年期贷款的年利率为 4.75%,月还款数 4 375.95 元为本息和的二十四分之一,这最后一个数字究竟是怎样产生的? 是根据本息总额算出月还款额,还是恰好相反?

　　差分方程反映的是关于离散变量的取值与变化规律.通过建立一个或几个离散变量取值所满足的平衡关系,从而建立差分方程.本章介绍差分方程的基本概念以及特征值解法,在此基础上介绍差分方程在经济上的一些简单应用.

第一节　　差分方程的基础知识

一、基本概念

　　1. 差分算子

　　设数列 $\{x_n\}$,定义差分算子

$$\Delta:\Delta x_n = x_{n+1} - x_n$$

为 x_n 在 n 处的向前差分.类似地定义

$$\Delta x_n = x_n - x_{n-1}$$

为 x_n 在 n 处的向后差分.后面我们提到的差分都是指向前差分.

　　已知 Δx_n 是 n 的函数.

　　定义 Δx_n 的差分:

$$\Delta(\Delta x_n) = \Delta^2 x_n$$

称 $\Delta^2 x_n$ 为 x_n 在 n 处的二阶差分,它反映是 x_n 的增量的增量.

类似可定义在 n 处的 k 阶差分为:

$$\Delta^k x_n = \Delta[\Delta^{k-1}(x_n)]$$

　　2. 差分算子 、不变算子、平移算子

　　记 $E(x_n) = x_{n+1}, I(x_n) = x_n$,称 E 为平移算子,I 为不变算子 .

则有:$\Delta x_n = E(x_n) - I(x_n) = (E - I)x_n$,因此 $\Delta = E - I$.

由上述关系可得:

$$\Delta^k x_n = (E - I)^k x_n = \sum_{i=0}^{k} (-1)^{k-i} C_k{}^i E^i x_n = \sum_{i=0}^{k} (-1)^{k-i} C_k{}^i x_{n+i} \quad (5-1)$$

(5 - 1) 式表明 x_n 在 n 处的 k 阶差分可以由 x_n 在 $n, n + 1, \dots n + k$ 处的取值所线性

决定.

反之,

由 $\Delta x_n = x_{n+1} - x_n$ 得 $x_{n+1} = x_n + \Delta x_n$:

$\Delta^2 x_n = x_{n+2} - 2x_{n+1} + x_n$,得:$x_{n+2} = 2x_{n+1} - x_n + \Delta^2 x_n$,

这个关系表明:第 $n+2$ 项可以用前两项以及相邻三项增量的增量来表现和计算.即一个数列的任意一项都可以用其前面的 k 项和包括这项在内的 $k+1$ 项增量的增量的增量 …… 第 k 层增量所构成.

……

$$\Delta^k x_n = \sum_{i=0}^{k-1} (-1)^{k-i} C_k{}^i x_{n+i} + x_{n+k},$$

得

$$x_{n+k} = -\sum_{i=0}^{k-1} (-1)^{k-i} C_k{}^i x_{n+i} + \Delta^k x_n \qquad (5-2)$$

由(5 - 2)式可以看出:

x_{n+k} 可以由 $x_n, \Delta x_n, \ldots, \Delta^k x_n$ 的线性组合表示出来.

3. 差分方程

由 x_n 以及它的差分所构成的方程

$$\Delta^k x_n = f(n, x_n, \Delta x_n, \ldots, \Delta^{k-1} x_n) \qquad (5-3)$$

称之为 k 阶差分方程.

由(5 - 1)式可知(5 - 3)式可化为

$$x_{n+k} = F(n, x_n, x_{n+1}, \ldots, x_{n+k-1}) \qquad (5-4)$$

故(5 - 4)也称为 k 阶差分方程(反映的是未知数列 x_n 任意一项与其前面 k 项之间的关系).

由(5 - 1)和(5 - 2)可知,(5 - 3)和(5 - 4)是等价的.后面我们所提到的差分方程的形式是(5 - 4)式.

二、差分方程的解与有关概念

1. 如果存在 x_n 使 k 阶差分方程(5 - 4)对所有的 n 成立,则称 x_n 为方程(5 - 4)的解.

2. 如果 $x_n = \bar{x}$($\bar{x}$ 为常数)是(5 - 4)的解,即

$$\bar{x} = F(n, \bar{x}, \ldots, \bar{x})$$

则称 $x_n = \bar{x}$ 为(5 - 4)的平衡解或叫平衡点.注意平衡解可能不止一个.平衡解的基本意义是:设 x_n 是(5 - 4)的解,考虑 x_n 的变化形态,其中之一是极限状况,如果 $\lim_{n\to\infty} x_n = \bar{x}$,则方程(5 - 4)两边取极限($\bar{x}$ 的存在性),可以得到 $\bar{x} = F(n, \bar{x}, \ldots, \bar{x})$.

3. 如果(5 - 4)的解 x_n 使得 $x_n - \bar{x}$ 最终既不是正的,也不是负的,则称 x_n 为关于平衡点 $\bar{x}$ 是振动解.

4. 如果令：$y_n = x_n - \bar{x}$，则方程（5 - 4）会变成

$$y_{n+k} = G(n, y_n, \ldots, y_{n+k-1}) \tag{5-5}$$

则 $y = 0$ 成为（5 - 5）的平衡点.

5. 如果（5 - 5）的所有解是关于 $y = 0$ 振动的，则称 k 阶差分方程（5 - 5）是振动方程. 如果（5 - 5）的所有解是关于 $y = 0$ 非振动的，则称 k 阶差分方程（5 - 5）是非振动方程.

6. 如果（5 - 5）有解 y_n，使得对任意大的 N_y 有 $\underset{n \geq N_y}{Sup} |y_n| > 0$，则称 y_n 为正则解.（即不会从某项后全为零）

7. 如果方程（5 - 4）的解 x_n 使得 $\underset{n \to \infty}{Lim} x_n = \bar{x}$，则称 x_n 为稳定解.

三、差分算子的若干性质

$(1) \Delta(\alpha x_n + \beta y_n) = \alpha \Delta(x_n) + \beta \Delta y_n$

$(2) \Delta(\dfrac{x_n}{y_n}) = \dfrac{1}{y_{n+1} y_n}(y_n \Delta x_n - x_n \Delta y_n)$

$(3) \Delta(x_n y_n) = y_{n+1} \Delta x_n + x_n \Delta y_n$

$(4) \displaystyle\sum_{k=a}^{b} y_{k+1} \Delta x_k = x_{b+1} y_{b+1} - x_a y_a + \sum_{k=a}^{b} x_k \Delta y_k$

$(5) x_n = E^n x_0 = (\Delta + I)^n x_0 = \displaystyle\sum_{i=0}^{n} C_n^i \Delta^i x_0$

第二节　　差分方程的求解

一、常系数线性差分方程的解

形如

$$a_0 x_{n+k} + a_1 x_{n+k-1} + \ldots + a_k x_n = b(n) \tag{5-8}$$

$(a_0, a_1, \ldots, a_k$ 为常数）的方程，称为 k 阶常系数线性差分方程.
特别地，若 $b(n) = 0$，则称
方程

$$a_0 x_{n+k} + a_1 x_{n+k-1} + \ldots + a_k x_n = 0 \tag{5-9}$$

称为方程（5 - 8）对应的 k 阶常系数齐次线性差分方程.

如果（5 - 9）有形如 $x_n = \lambda^n$ 的解，带入方程中可得：

$$a_0 \lambda^k + a_1 \lambda^{k-1} + \ldots + a_{k-1} \lambda + a_k = 0 \tag{5-10}$$

称方程（5 - 10）为方程（5 - 8）、（5 - 9）的特征方程.

显然，如果能求出特征方程（5 - 10）的根，则可以得到方程（5 - 9）的解. 方程（5 - 10）的根的具体情形如下：

（1）若方程(5－10)有 k 个不同的实根,则方程(5－9)有通解：

$$x_n = c_1\lambda_1{}^n + c_2\lambda_2{}^n + ... + c_k\lambda_k{}^n$$

（2）若方程(5－10)有 m 重根 λ,则方程(5－9)的通解中有构成项：

$$(\bar{c}_1 + \bar{c}_2 n + ... + \bar{c}_m n^{m-1})\lambda^n$$

（3）若方程(5－10)有一对单复根 $\lambda = \alpha \pm i\beta$,令: $\lambda = \rho e^{\pm i\varphi}, \rho = \sqrt{\alpha^2 + \beta^2}, \varphi = arctan\frac{\beta}{\alpha}$,则方程(5－9)的通解中有构成项：

$$\bar{c}_1\rho^n cos\varphi n + \bar{c}_2\rho^n sin\varphi n$$

（4）若方程(5－10)有 m 重复根: $\lambda = \alpha \pm i\beta, \lambda = \rho e^{\pm i\varphi}$,则方程(5－9)的通项中有构成项：

$$(c_1 + \bar{c}_2 n + ... + \bar{c}_m n^{m-1})\rho^n cos\varphi n + (c_{m+1} + \bar{c}_{m+2} n + ... + \bar{c}_{2m} n^{m-1})\rho^n sin\varphi n$$

综上所述,由于方程(5－10)恰有 k 个根,从而构成方程(5－9)的通解中必有 k 个独立的任意常数.通解可记为: $\bar{x}_n$.

如果能得到方程(5－8)的一个特解: x_n^*,则(5－8)必有通解：

$$x_n = \bar{x}_n + x_n^* \tag{5－11}$$

其中方程(5－8)的特解可通过待定系数法来确定.

例如,如果 $b(n) = b^n p_m(n)$, $p_m(n)$ 为 n 的多项式,则当 b 不是特征根时,可设成形如 $b^n q_m(n)$ 形式的特解,其中 $q_m(n)$ 为 m 次多项式;如果 b 是 r 重根时,可设特解: $b^n n^r q_m(n)$,将其代入(5－8)中确定出系数即可.

例1 设差分方程 $x_{n+2} + 3x_{n+1} + 2x_n = 0, x_0 = 0, x_1 = 1$,求 x_n.

解 特征方程为 $\lambda^2 + 3\lambda + 2 = 0$,有根: $\lambda_1 = -1, \lambda_2 = -2$.

故: $x_n = c_1(-1)^n + c_2(-2)^n$ 为方程的解.

由条件 $x_0 = 0, x_1 = 1$ 得: $x_n = (-1)^n - (-2)^n$.

二、二阶线性差分方程组

设 $z(n) = \begin{pmatrix} x_n \\ y_n \end{pmatrix}, A = \begin{pmatrix} a & b \\ c & d \end{pmatrix}$,形成向量方程组

$$z(n+1) = Az(n) \tag{5－12}$$

易知

$$z(n+1) = A^n z(1) \tag{5－13}$$

显然(5－13)为(5－12)的解.

为了具体求出解(5－13),需要求出 A^n,可以用高等代数的方法计算.常用的方法有：

（1）如果 A 为正规矩阵,则 A 必可相似于对角矩阵,对角线上的元素就是 A 的特征值,相似变换矩阵由 A 的特征向量构成：

$$A = p^{-1} \Lambda p, A^n = p^{-1} \Lambda^n p, \therefore z(n+1) = (p^{-1} \Lambda^n p) z(1).$$

（2）将 A 分解成 $A = \xi \eta^T, \xi, \eta$ 为列向量，则有

$$A^n = (\xi \cdot \eta^T)^n = \xi \cdot \eta^T \cdot \xi \cdot \eta^T \cdots \xi \cdot \eta = (\xi^T \eta)^{n-1} A$$

从而，$z(n+1) = A^n z(1) = (\xi^T \eta)^{n-1} \cdot A z(1)$

（3）或者将 A 相似于约旦标准形的形式，通过讨论 A 的特征值的性态，找出 A^n 的内在构造规律，进而分析解 $z(n)$ 的变化规律，获得它的基本性质.

三、关于差分方程稳定性的几个结果

（1）k 阶常系数线性差分方程(5 - 8)的解稳定的充分必要条件是它对应的特征方程(5 - 10)所有的特征根 $\lambda_i, i = 1, 2 \ldots k$ 满足 $|\lambda_i| < 1$.

（2）一阶非线性差分方程

$$x_{n+1} = f(x_n) \tag{5 - 14}$$

(5 - 14)的平衡点 $\bar{x}$ 由方程 $\bar{x} = f(\bar{x})$ 决定，

将 $f(x_n)$ 在点 $\bar{x}$ 处展开为泰勒形式：

$$f(x_n) = f'(\bar{x})(x_n - \bar{x}) + f(\bar{x}) \tag{5 - 15}$$

故有：$|f'(\bar{x})| < 1$ 时，(5 - 14)的解 $\bar{x}$ 是稳定的，

$|f'(\bar{x})| > 1$ 时，方程(5 - 14)的平衡点 $\bar{x}$ 是不稳定的.

第三节　差分方程的应用

我们来看本章引言中举过的例子.让我们稍微仔细一些来进行分析.由于贷款是逐月归还的，就有必要考察每个月欠款余额的情况.

设贷款后第 k 个月时欠款余额为 A_k 元，月还款 m 元，则由 A_k 变化到 A_{k+1}，除了还款额外，还有什么因素呢？无疑就是利息.但时间仅过了一个月，当然应该是月利率，设为 r，从而得到

$$A_{k+1} - A_k = r A_k - m$$

或者

$$A_{k+1} = (1 + r) A_k - m \tag{5 - 16}$$

初使条件

$$A_0 = 1\ 000\ 000 \tag{5 - 17}$$

这就是问题的数学模型.其中月利率采用将年利率 $R = 0.047\ 5$ 平均.即

$$r = 0.047\ 5/12 = 0.003\ 958 \tag{5 - 18}$$

若 m 是已知的，则由(5 - 16)式可以求出 A_k 中的每一项，我们称(5 - 16)式为一阶差分方程.

模型解法与讨论

（1）月还款额

两年期的贷款在 24 个月时还清，即

$$A_{24} = 0 \qquad\qquad (5-19)$$

为求 m 的值，设

$$B_k = A_k - A_{k-1} \quad k = 1,2,\cdots \qquad\qquad (5-20)$$

易见

$$B_{k+1} = (1+r)B_k$$

于是导出 B_k 的表达式

$$B_k = (1+r)^{k-1}B_1, k = 1,2,\cdots \qquad\qquad (5-21)$$

由（5-20）式与（5-21）式得

$$A_k - A_0 = \sum_{j=1}^{k} B_k = \left[\frac{(1+r)^k - 1}{r}B_1\right]$$

$$= \left[\frac{(1+r)^k - 1}{r}(rA_0 - m)\right]$$

从而得到差分方程（5-16）的解为

$$A_k = A_0(1+r)^k - m[(1+r)^k - 1]/r, k = 1,2,\cdots \qquad\qquad (5-22)$$

将 A_0, A_{24}, r 的值和 $k = 24$ 代入得到 $m = 4\,375.95$（元），与表 5-3 中的数据完全一致，这样我们就了解了还款额的确定方法.

依据上面的结论，请读者自己制定出住房商业贷款直至二十年的还款额表.

（2）还款周期

我们看到个人住房贷款是采用逐月归还的方法，虽然依据的最初利率是年利率. 那么如果采用逐年归还的方法，情况又如何呢？ 仍然以两年期贷款为例，显然，只要对（5-18）式中的利率 r 代之以年利率 $R = 0.047\,5$，那么由 $k = 2, A_2 = 0, A_0 = 10\,000$，则可以求出年还款额应为

$$\tilde{m} = 53\,590.05（元）$$

这样本息和总额为

$$2\tilde{m} = 107\,180.1 （元）$$

远远超出逐月还款的本息总额. 考虑到人们的收入一般都以月薪方式获得，因此逐月归还对于贷款者来说是比较合适的. 读者还可以讨论缩短贷款周期对于贷款本息总额的影响.

（3）平衡点

回到差分方程（5-16），若令 $A_{k+1} = A_k = A$，可解出

$$A = m/r \qquad\qquad (5-23)$$

称之为差分方程的平衡点或称之为不动点. 显然，当初值 $A_0 = m/r$ 时，将恒有 $A_k = m/r, k = 1,2,\cdots$

在住房贷款的例子里,平衡点意味着如果贷款月利率 r 和月还款额 m 是固定的,则当贷款额稍大于或小于 $A = m/r$ 时,从方程(5-16)的解的表达式(5-22)中容易看出,欠款额 A_k 随着 k 的增加越来越远离 m/r,这种情况下的平衡点称为不稳定的,对一般的差分方程

$$x_{k+1} = f(x_k) \quad k = 0,1,2,\cdots \tag{5-24}$$

称满足方程

$$x = f(x)$$

的点 x^* 为(5-24)的平衡点.若(5-24)的解

$$\lim_{k \to \infty} x_k = x^* \tag{5-25}$$

则称 x^* 为稳定的平衡点,否则称 x^* 为不稳定的平衡点.判别平衡点 x^* 是否稳定的一个方法是考察导数 $f'(x^*)$:

(1) 当 $|f'(x^*)| < 1$ 时,x^* 是稳定的;

(2) 当 $|f'(x^*)| > 1$ 时,x^* 是不稳定的.

二、养老保险

养老保险是与人们生活密切相关的一种保险类型.通常保险公司会提供多种方式的养老金计划让投保人选择,在计划中详细列出保险费和养老金的数额.例如某保险公司的一份材料指出:在每月交费200元至60岁开始领取养老金的约定下,男子若25岁起投保,届时月养老金2 282元;若35岁起投保,月养老金1 056元;若45岁起投保,月养老金420元.我们来考察三种情况下所交保险费获得的利率.

设投保人在投保后第 k 个月所交保险费及利息累计总额为 F_k,那么很容易得到数学模型

$$\begin{cases} F_{k+1} = F_k(1+r) + p, k = 1,2,\cdots,N \\ F_{k+1} = F_k(1+r) - q, k = N+1,N+2,\cdots,M \end{cases} \tag{5-26}$$

其中 p,q 分别是60岁前所交的月保险费和60岁起每月领的养老金数(单位:元),r 是所交保险金获得的利率,N,M 分别是投保起至停交保险费和停领养老金的时间(单位:月).显然 M 依赖于投保人的寿命,我们取该保险公司养老金计划所在地男性寿命的统计平均值75岁,以25岁投保为例,则有

$$p = 200, q = 2\ 282, N = 420, M = 600$$

而初始值 $F_0 = 0$,据此不难得到

$$\begin{cases} F_k = F_0(1+r)^k + p[(1+r)^k - 1]/r, k = 0,1,\cdots,N \\ F_k = F_N(1+r)^{k-N} - q[(1+r)^{k-N} - 1]/r, k = N+1,N+2,\cdots,M \end{cases} \tag{5-27}$$

由此可得到关于 r 的方程如下

$$(1+r)^M - (1+q/p)(1+r)^{M-N} + (1+q/p) = 0 \tag{5-28}$$

记 $x = 1 + r$,且将已知数据代入,则只需求解方程

$$x^{600} - 12.41x^{180} + 11.41 = 0 \qquad (5-29)$$

由方程(5-29)求得 $x = 1.00485, r = 0.00485$(非线性方程求近似解).

对于 35 岁起投保和 45 岁起投保的情况,求得保险金所获得的月利率分别为 0.00461 和 0.00413.

三、乘数-加速数模型

差分方程在经济学中的应用除了与实际生活密切联系的模型之外,也有关于宏观经济方面的模型,比如经济增长模型等.对于一个国家来说,经济的增长十分重要,持续稳定增长的经济会给人民带来更多的福祉.

所以,第三个模型介绍的是由萨缪尔森提出的乘数-加速数模型,它是属于典型的凯恩斯主义.在介绍乘数-加速数模型之前,首先应明确本模型中所涉及的两个经济原理,乘数原理和加速原理.乘数原理说明了投资变动对国民收入变动的影响,而加速原理说明了国民收入的变动对投资变动的影响.乘数-加速数模型就是二者结合起来对经济周期的影响.

假设 K 为资本存量,Y 为产量水平,v 代表资本-产量比率,有:

$$K = vY,$$

一般情况下,资本-产量比 $v > 1.(t-1)$ 时期的 K 和 Y 的关系可表示为:

$$K_{t-1} = vY_{t-1},$$

从 $t-1$ 时期到 t 时期,资本存量的增加量是 $K_t - K_{t-1}$.资本的增加需要投资的增加,记 I_t 是 t 时期的投资净额,则有:

$$I_t = K_t - K_{t-1},$$

由 $K_{t-1} = vY_{t-1}$,可以推导出:

$$I_t = vY_t - Y_{t-1} = v(Y_t - Y_{t-1}). \qquad (5-30)$$

上式表明,在资本-产量的比率保持不变的情况下,t 时期的净投资额 I_t 决定于 $t-1$ 到 t 时期的产量的变动量,v 被称为加速数.

由于生产过程中难以避免机器的磨损等,就会导致重置投资,将其视为折旧,与净投资额组成了总投资,则(5-30)式就变成了:

$$t \text{ 时期的投资总额} = v(Y_t - Y_{t-1}) + t \text{ 时期的折旧},$$

所以,可以得到产量水平与投资支出之间的关系.加速数为大于1,资本存量的增加必须要超过产量的增加,前提是资本存量充分利用.

萨缪尔森的乘数-加速数模型基本方程如下:

$$Y_t = C_t + I_t + G_t, \qquad (5-31)$$
$$C_t = \beta Y_{t-1}, 0 < \beta < 1 \qquad (5-32)$$
$$I_t = v(C_t - C_{t-1}), v > 0, \qquad (5-33)$$

其中,Y_t 是国民收入,C_t 是消费额,G_t 是政府的购买.假定政府购买 G_t 是常数,$G_t = G$.

求解方程:将(5 - 32)(5 - 33)代入(5 - 31)式中,可得:

$$Y_t = \beta Y_{t-1} + v(C_t - C_{t-1}) + G_t, \qquad (5-34)$$

化简后,有:

$$Y_{t+2} - \beta(1+v)Y_{t+1} + \beta v Y_t = G,$$

得出特征方程:

$$\lambda^2 - \beta(1+v)\lambda + \beta v = 0,$$

求解特征方程,是一个一元二次方程,由:

$$\Delta = \sqrt{b^2 - 4ac} = \sqrt{\beta^2(1+v)^2 - 4\beta v},$$

因为 Δ 值有可能大于 0 等于 0,或小于 0,故对应 Δ 的不同取值,解有三种情况.

故,化简之后的方程:

$$Y_t = \beta Y_{t-1} + v(C_t - C_{t-1}) + G_t,$$

通解为:

$$Y_t = C_1 \lambda_1{}^t + C_2 \lambda_2{}^t + \frac{G}{1-\beta}, \Delta > 0, \qquad (5-35)$$

$$(C_1 + C_2 t)\lambda^t + \frac{G}{1-\beta}, \Delta = 0, \qquad (5-36)$$

$$r^t(C_1 \cos \varpi t + C_2 \sin \varpi t) + \frac{G}{1-\beta}, \Delta < 0, \qquad (5-37)$$

其中,

$$\Delta = \beta^2(1+v)^2 - 4v\beta, \lambda_{1,2} = \frac{1}{2}\left[\beta(1+v) - \sqrt{\Delta}\right],$$

$$\lambda = \frac{1}{2}\beta(1+v) = \sqrt{v\beta}, r = \sqrt{v\beta}, \varpi = \arctan \frac{\sqrt{-\Delta}}{\beta(1+v)}.$$

由此得到国民收入 Y_t 的计算公式,代入原方程就可以计算出本期消费 C_t,本期私人投资 I_t.

假设边际消费倾向 $\beta = 0.5$,加速数 $v = 1$,政府每期开支相同,$G_t = 1$ 亿,从上期国民收入中来的本期消费为零,那么,投资当然也是零,故,代入数据后,总结如表 5 - 4 所示:

表 5 - 4　　　　　　　　　乘数加速数模型计算表

时期 (t)	政府购买 (g_t)	本期消费 (C_t)	本期私人投资 (I_t)	国民收入总额 (Y_t)	变动趋势
1	1.00	0.00	0.00	1.00	–
2	1.00	0.50	0.50	2.00	复苏
3	1.00	1.00	0.50	2.50	繁荣
4	1.00	1.25	0.25	2.50	繁荣
5	1.00	1.25	0.00	2.25	衰退

表5-4(续)

时期 (t)	政府购买 (g_t)	本期消费 (C_t)	本期私人投资 (I_t)	国民收入总额 (Y_t)	变动趋势
6	1.00	1.125	-0.125	2.00	衰退
7	1.00	1.00	-0.125	1.875	萧条
8	1.00	0.937 5	-0.062 5	1.875	萧条
9	1.00	0.937 5	0.00	1.937 5	复苏
10	1.00	0.968 75	0.031 25	2.00	复苏
11	1.00	1.00	0.031 25	2.031 25	繁荣
12	1.00	1.015 625	0.015 625	2.031 25	繁荣
13	1.00	1.015 625	0.00	2.015 625	衰退
14	1.00	1.007 812 5	-0.007 812 5	2.00	衰退

此模型集合了两种经济原理,对经济周期的分析更注重外部的因素,投资影响收入和消费,消费和收入反过来也会影响投资,从而形成经济扩张或收缩的局面,这是西方学者的对经济波动的一种解释.政府对经济进行干预,就可以改变或缓和经济波动.采取适当政策刺激投资,鼓励提高劳动生产效率,就可以提高加速数,就可缓和经济萧条.

四、哈罗德-多马经济增长模型

宏观经济中的差分方程模型除了上述的萨缪尔森的乘数-加速数模型,还有另外一种经济增长模型,就是由哈罗德和多马共同提出的哈罗德-多马经济增长模型,同样也是凯恩斯理论的典型.这个模型与乘数-加速数模型的结论不同,它认为,经济的增长是不稳定的.具体的模型描述如下:

假设,S_t 为 t 时期的储蓄额,Y_t 为 t 时期的国民收入,I_t 则是 t 时期的投资额,边际储蓄倾向用 s 表示,$0 < s < 1$,与乘数-加速数模型一样,假定加速数 v 保持不变.s,v 都是常数.

哈罗德-多马经济增长模型的方程如下:

$$S_t = sY_{t-1}, 0 < s < 1, \tag{5-38}$$

$$I_t = v(Y_t - Y_{t-1}), v > 0, \tag{5-39}$$

$$S_t = I_t, \tag{5-40}$$

化简方程,得到:

$$vY_t - vY_{t-1} - sY_{t-1} = 0,$$

可得到特征方程:

$$\lambda v - v - s = 0,$$

解之得:

$$\lambda = 1 + \frac{s}{v},$$

故原方程的通解:

$$Y_t = c\left(1 + \frac{s}{v}\right)^t.\qquad(5-41)$$

其中,c 是常数,$\frac{s}{v}$ 指的就是要保证所有储蓄转化为投资的经济增长率,经济学中称为保证增长率.保证增长率 $\frac{s}{v}$ 中,v 是加速数,一般是假定不变的,s 是边际储蓄倾向,表示的是国民收入每增加一个单位,储蓄会增加的程度.

依据哈罗德－多马经济增长模型,如果可以保证 t 时期的储蓄额和投资保持平衡,储蓄额可以得到充分的利用,那么国民收入就会按照保证增长率 $\frac{s}{v}$ 增长.但在实际中,储蓄与投资之间的完全转化是难以实现的,因此会造成经济的增长不稳定的状况,就会得到相应的结论.

习题五

1. 求下列函数的差分.

(1)$y_x = e^x$,求 $\Delta^2 y_x$.

(2)$y_x = x^2 + 2x - 1$,求 $\Delta^2 y_x$.

2. 确定下列差分方程的阶.

(1) $8y_{x+2} - y_{x+1} = sinx$

(2)$3y_{x+2} - 2y_{x+1} = 6x + 1$

3. 求下列差分方程的通解.

(1)$5y_{x+1} - 25y_x = 20$

(2)$2y_{x+1} - y_x = 3 + x$

(3)$y_{x+1} - y_x = 2x^2$

(4)$2y_{x+1} - 6y_x = 3^x$

4. 求下列差分方程满足初始条件的特解.

(1)$y_{x+1} + 3y_x = -1, y_0 = 1$.

(2)$8y_{x+1} + 4y_x = 3, y_0 = \frac{1}{2}$.

5. 求下列二阶齐次线性差分方程的通解和满足给定条件的特解.

(1)$y_{x+2} - 7y_{x+1} + 12y_x = 0$

(2)$y_{x+2} = y_{x+1} + y_x$

$(3) y_{x+2} + 2y_{x+1} + y_x = 0$

$(4) y_{x+2} - y_{x+1} + y_x = 0$

$(5) 4y_{x+2} + 4y_{x+1} + y_x = 0, y_0 = 3, y_1 = -2$

6. 设 S_t 为 t 期储蓄, I_t 为 t 期投资, Y_t 为 t 期国民收入, 哈罗德 (Harrod·R·H) 建立了如下宏观经济模型

$$\begin{cases} S_t = \alpha Y_{t-1} & 0 < \alpha < 1 \\ I_t = \beta(Y_t - Y_{t-1}) & \beta > 1 \\ S_t = I_t \end{cases}$$

试求 Y_t、I_t、S_t.

第六章　　数据的整理与图示

引言:都说现在社会是大数据时代与信息社会,你能区分出什么是数据与信息吗? 下面通过一个简单的案例予以说明:

小明是小学二年级学生,他告诉妈妈:他的数学考了 98 分,语文考了 95 分.

上面的 98 与 95 为数据,单单从 98 分与 95 分是无从判断小明考试的好与坏.

借助下面的信息才能进行成绩好坏的判定.

结果一:数学 98 分,全班第一;语文 95 分,全班第三.

结果二:数学 98 分,全班倒数第一;语文 95 分,全班倒数第一.

如何实现数据到信息的转化? 本章将介绍数据的整理以及显示,要求掌握数据的整理以及显示的相关方法,并能够应用于实际生活.

第一节　　数据的整理

对于某一社会现象,当搜集到数据以后,还需要对数据进行必要的加工处理. 根据统计研究的目的与要求,对所搜集到的大量、零星分散的原始数据进行科学加工与综合,使之系统化、条理化、科学化,为统计分析提供反映事物总体综合特征资料的工作过程,称为数据的整理. 它的一般程序为:统计资料的审核认定、统计资料分组汇总、编制统计表、绘制统计图. 其核心则是统计资料的分组.

一、数据的审定

数据审定的目的,就是要保证资料的准确性,尽可能地缩小调查误差. 调查误差是指经过调查所获得的统计数值与被调查对象实际数值之间的差别. 调查误差有两种:一种是登记误差,一种是代表性误差. 登记误差是由于调查过程中各有关环节工作的失误而造成的. 例如,调查方案中有关规定或解释不清楚而产生歧义,或计算错误、抄录错误、汇总错误以及不真实填报等. 代表性误差是由于非全面调查只观察总体一部分单位,这部分单位不能完全反映总体的性质而产生的误差.

所谓审定就是对调查资料的准确性、完整性和及时性进行检查. 审定可以采用计算机审定,也可以采用人工审定.

1. **数据的分组数据分组的概念**

数据分组,就是根据统计总体内在的特征与统计研究的任务需要,将统计总体按照一定的标志变量分为若干组或部分的一种统计方法. 数据分组的目的,就在于把同质总体中的具有不同性质的单位分开,把性质相同的单位合并在一起,保持各组内数据的一致性和各组之间数据的差异性,以便进一步研究调查对象的数量表现与数量关系,进而正确认识调查对象的本质及其规律性. 例如,在我国人口普查中,作为个体的每个人,在年龄、性别、民族、文化程度以及居住地等诸多调查标志变量上不完全相同,为反映我国人口总体内部的差异,就需要按照不同的标志对全国人口进行分组. 如,性别可分为男、女两组;按年龄、民族可分为若干组,这就有助于对我国人口的性别、年龄、民族等各方面的结构及其比例关系的认识.

2. **数据分组的作用**

一是区分总体类型,现实生活中数据现象的类型是多种多样的,不同类型的现象存在本质差别,通过统计资料的分组就可以把不同类型的现象区别开来;二是反映总体内部结构,通过分组,统计总体被划分为若干组或若干部分,计算各组或各部分的总量在总体总量中所占的比重,即可反映总体结构特征与总体结构类型;三是可以分析总体在数量现象之间的依存关系. 现象之间总是相互联系、相互依存、相互制约的,分组就是要在现象的各种错综复杂联系中,找出内在的联系和数量关系. 具体做法,可将一个可变标志变量(即自变量)作为分组标志,来观察另一个标志变量(因变量)相应的变动状况. 如居民家庭收入与就业人数有密切的联系,通过分组可以反映这两个变量之间相互联系的程度和方向.

3. **数据分组的原则**

为保证数据分组的科学性,需要遵循"穷尽原则"和"互斥原则"."穷尽原则"是指各分组的空间必须容纳所有个体单位,即总体中的每一个个体都必须有组的归属. 如劳动者按文化程度分组,若只分为小学毕业、中学毕业和大学毕业三组,则未上过小学的以及大学以上文化程度的劳动者就无组可归."互斥原则"是指在特定的分组标志下,总体中的任何一个单位不能同时归属于几个组,而只能归属于某一个组. 把鞋子分为男鞋、女鞋、童鞋三类,就不符合互斥原则,因为童鞋也有男鞋与女鞋之分. 一般有如下两种分组方式:

(1)品质数据(分类数据、顺序数据)的分组步骤:

① 列出品质变量的所有不同取值;

② 对变量的每个取值计算其出现的频数;

③ 编制频数分布表.

(2)数值型数据的分组步骤:

① 计算全距;

$$全距 = 最大值 - 最小值$$

②计算组数

组数 = 1 + 3. 322 × lgN(N 为统计数据总的观察个数);

③计算组距

在等距分组的前提下,每个组的组距 = 全距 / 组数;

④确定每个组的组限(第一组下限小于等于最小值,最后一组上限大于等于最大值,且针对连续型变量,上一组上限与下一组下限重叠,遵循"上限不在组内"的原则);

⑤计算每个组上的频数;

⑥编制频数分布表.

例1　浦口区苗圃对 110 株树苗的高度进行测量(单位:cm),数据如下,编制频数分布表.

```
154  133  116  128   85  100  105  150  118   97  110
131  119  103   93  108  100  111  130  104  135  113
122  115  103   90  108  114  127   87  127  108  112
100  117  121  105  136  123  108   89   94  139   82
113  110  109  118  115  126  106  108  115  133  114
119  104  147  134  117  119   91  137  101  107  112
121  125  103   89  110  122  123  124  125  115  113
128   85  113  143   80  102  132   96  129   83  142
112  120  107  108  111  100   97  111  131  109  145
 93  135   98  142  127  106  110  101  116  110  123
```

解　第一步:确定全距

先将 110 个数据排序,找到最大值 154 和最小值 80,得到全距为 74cm.

第二步:确定组数

$$n = 1 + 3. 322 × lg110 = 7. 78.$$

第三步:确定组距

$$d = \frac{74}{7. 98} = 9. 51cm.$$

注意:在利用准则经验计算出来的组数和组距尽量把小数舍去,然后在整数位上加1,这样能够尽量保证频数分布表有足够宽的覆盖区间. 另外,一般来说组距宜取整百整十,起始组的下限也宜取整百整十,看起来方便一点.

故通过上述分析,我们可以确定组数为8,组距为10.

第四步:

根据所定的组数和组距确定组限,第一组的下限定为 80,第一组上限 90.

第二组下限是第一组的上限90,第二组上限100…以此类推,第八组下限150,上限 160.8 个组,区间间断点则为 9 个.

第五步,进行归组,即将各个变量值归入相应的组中,计算每个组上的变量个数,即每个组上的频数.

第六步,编制成频数分布表如表 6 - 1 所示.

表 6 - 1 　　　　　　　　　　 110 株树苗的频数分布表

树苗高度 /cm	树苗株树 / 颗	比重 /%
80 ~ 90	9	8.18
90 ~ 100	9	8.18
100 ~ 110	26	23.64
110 ~ 120	29	26.36
120 ~ 130	18	16.36
130 ~ 140	12	10.91
140 ~ 150	5	4.55
150 ~ 160	2	1.82
合计	110	100.00

　　例 2　一家市场调查公司为研究不同品牌饮料的市场占有率,对随机抽取的一家超市进行了调查. 调查员在某天对 50 名顾客购买饮料的品牌进行了记录,如果一个顾客购买某一品牌的饮料,就将这一饮料的品牌名字记录一次 . 下面就是记录的原始数据,就此编制频数分布表.

	A	B	C	D	E
1	旭日升冰茶	可口可乐	旭日升冰茶	汇源果汁	露露
2	露露	旭日升冰茶	可口可乐	露露	可口可乐
3	旭日升冰茶	可口可乐	可口可乐	百事可乐	旭日升冰茶
4	可口可乐	百事可乐	旭日升冰茶	可口可乐	百事可乐
5	百事可乐	露露	露露	百事可乐	露露
6	可口可乐	旭日升冰茶	旭日升冰茶	汇源果汁	汇源果汁
7	汇源果汁	旭日升冰茶	可口可乐	可口可乐	可口可乐
8	可口可乐	百事可乐	露露	汇源果汁	百事可乐
9	露露	可口可乐	百事可乐	可口可乐	露露
10	可口可乐	旭日升冰茶	百事可乐	汇源果汁	旭日升冰茶

　　解　第一步:品牌这个变量下的所有可能取值有:旭日升冰茶、露露、可口可乐、百事可乐和汇源果汁 5 个;

　　第二步:计算每个取值上的个数(即频数);

　　第三步:编制频数分布表,如表 6 - 2 所示.

表 6 - 2 　　　　　　　　　不同品牌饮料的频数分布表

不同品牌饮料的频数分布			
饮料品牌	频数	比例	百分比(%)
可口可乐	15	0.30	30
旭日升冰茶	11	0.22	22
百事可乐	9	0.18	18
汇源果汁	6	0.12	12
露露	9	0.18	18
合计	50	1	100

第二节　　数据的图形展示

统计数据经过整理之后可以得到频数分布表,为了更直观地得到统计数据的分布特征,可以通过统计图的形式来显示整理之后的数据.

一、条形图和柱形图

条形图,指用宽度相同的条形的高度或长短来表示变量各类别数据的图形. 常见的有单式条形图、复式条形图等形式. 其主要用于反映分类数据的频数分布.

绘制时,变量各类别取值可以放在纵轴,称为条形图,也可以放在横轴,称为柱形图(*column chart*)

如上例 2 所绘制的柱形图如图 6 - 1 所示:

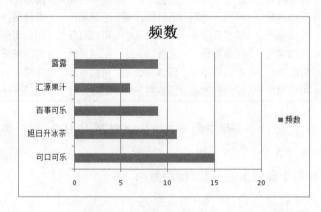

图 6 - 1 　不同品牌饮料频数分布的条形图

对比条形图(对比柱形图) 分类变量在不同时间或不同空间上有多个取值,可用来对比分类变量的取值在不同时间或不同空间上的差异或变化趋势. 如某电脑商城各品牌电脑的销售量在一季度和二季度上的差异如表 6 - 3 所示,可通过图 6 - 2 直观显示出来.

表6 - 3   **某电脑商城不同品牌电脑销售量表**

电脑品牌	一季度	二季度
联想	256	468
IBM	285	397
康柏	247	328
戴尔	563	688

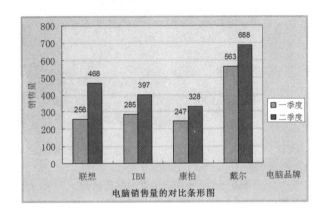

图 6 - 2   电脑销售量的对比条形图

帕累托图,是按变量各取值类别数据出现的频数多少排序后绘制的柱形图,主要用于展示分类数据的频数分布表.

将例 2 所编制好的频数分布表,按照频数的多少排序后,再绘制柱形图得到图6 - 3:

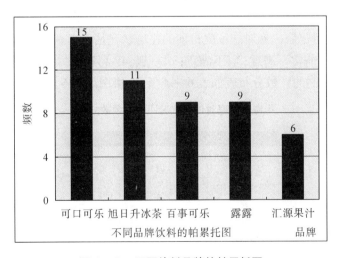

图 6 - 3   不同饮料品牌的帕累托图

二、饼图

饼图,也称圆形图,是用圆形及圆内扇形的角度来表示数值大小的图形.主要用于表示样本或总体中各组成部分所占的比例,用于研究结构性问题.绘制圆形图时,样本或总体中各部分所占的百分比用圆内的各个扇形角度表示,这些扇形的中心角度,按各部分数据百分比乘以 360° 确定.根据例 2 所绘制的饼图如图 6 - 4 所示.

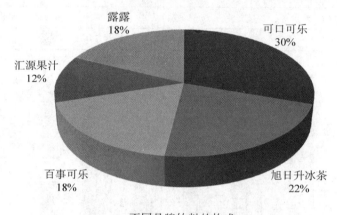

不同品牌饮料的构成

图 6 - 4   不同品牌饮料数据拼图

三、环形图

环形图中间有一个"空洞",样本或总体中的每一部分数据用环中的一段表示.与饼图类似,但又有区别:饼图只能显示一个总体各部分所占的比例;而环形图则可以同时绘制多个样本或总体的数据系列,每一个样本或总体的数据系列为一个环.环形图主要用于结构比较研究,可用于展示分类数据和顺序数据.

例3   在一项城市住房问题的研究中,研究人员在甲乙两个城市各抽样调查 300户,其中的一个问题是:"您对您家庭目前的住房状况是否满意?"

1. 非常不满意;2. 不满意;3. 一般;4. 满意;5. 非常满意

通过数据编制的频数分布表如表 6 - 4 所示,饼图如图 6 - 5 所示.

表 6 - 4   **甲城市家庭对住房状况评价的频数分布表**

甲城市家庭对住房状况评价的频数分布						
	甲城市					
回答类别	户数(户)	百分比(%)	向上累积		向下累积	
			户数(户)	百分比(%)	户数(户)	百分比(%)
非常不满意	24	8	24	8.0	300	100.0
不满意	108	36	132	44.0	276	92
一般	93	31	225	75.0	168	56
满意	45	15	270	90.0	75	25
非常满意	30	10	300	100.0	30	10
合计	300	100.0	—	—	—	—

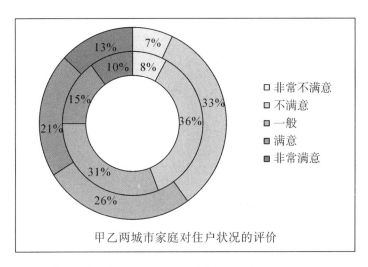

甲乙两城市家庭对住户状况的评价

图 6 - 5　甲乙两城市家庭对住房状况评价的环形图

四、直方图

直方图,是用矩形的宽度和高度来表示频数分布,本质上是用矩形的**面积**来表示频数分布,在直角坐标中,用横轴表示数据分组,纵轴表示频数或频率,各组与相应的频数就形成了一个矩形,即直方图. 主要用于已分组的数值型数据的图示.

例4　某电脑公司 2005 年前四个月各天的销售数据(单位:台) 如表 6 - 5 所示. 试对数据进行分组,并用直方图直观说明其分布情况.

编制频数分布表如表 6 - 5 所示:

表 6 - 5　　　　　　　　　　某电脑公司销售量频数分布表

按销售量分组／台	频数／天	频率／%
140 ~ 150	4	3.33
150 ~ 160	9	7.50
160 ~ 170	16	13.33
170 ~ 180	27	22.50
180 ~ 190	20	16.67
190 ~ 200	17	14.17
200 ~ 210	10	8.33
210 ~ 220	8	6.67
220 ~ 230	4	3.33
230 ~ 240	5	4.17
合计	120	100.00

绘制直方图如图 6 - 6 所示,可以一眼看出销售量在 170 ~ 180 之间的天数

最多!

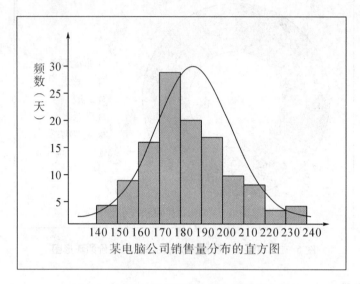

图 6 - 6　某电脑公司销售量分布的直方图

五、茎叶图

茎叶图,它由"树茎"和"树叶"两部分构成,其图形是由数字组成的,它以该组数据的高位数值作为树茎,低位数字作为树叶,且树叶上只保留最后一位数字,其余各数位都作为树茎. 茎叶图类似于横置的直方图,但又有区别:直方图可观察一组数据的分布状况,但没有给出具体的数值,适用于大批量分组数据;而茎叶图既能给出数据的分布状况,又能给出每一个原始数值,保留了原始数据的信息,适用于小批量未分组原始数据.

如用例 4 的原始数据所绘制的茎叶图如图 6 - 7 所示:

树茎	树　叶	数据个数
14	1349	4
15	023345689	9
16	0011233455567888	16
17	011222223344455556677888999	27
18	00122345667777888999	20
19	0012445566667788	17
20	0123356789	10
21	00113458	8
22	3568	4
23	33447	5

图 6 - 7　某电脑公司销售量的茎叶图

图 6 - 7 中第一行表示的是 4 个数字:141、143、144、149.

六、箱线图

箱线图是由一组数据的 5 个特征值绘制而成,它由一个箱子和两条线段组成. 绘制方法:首先找出一组数据的 5 个特征值,即最大值、最小值、中位数(处于中间位置的数据)和两个四分位数(下四分位数,处于四分之一位置的数据和上四分位数,处于四分之三位置的数据);然后连接两个四分位数画出箱子,再将两个极值点与箱子相连接,如图 6-8 所示,就为箱线图.

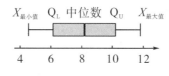

图 6-8 箱线图示意图

例 4 中电脑销售量数据的箱线图如图 6-9 所示,

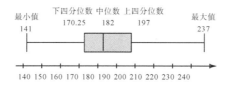

图 6-9 某电脑公司销售量的箱线图

从图 6-9 不仅可以直观地看到五个特征的取值,还能看出电脑销售量的大致分布情况,由于中位数为 182,靠近箱子的左边,说明 170 到 180 之间的数据数目比较多,为了使数据数目平均分,故中位数要向左移,即靠近箱子左边.

从上例分析,我们可以看到箱线图可以用于展示未分组的原始数据的分布状况,且分布的形状与箱线图的关系如图 6-10 所示.

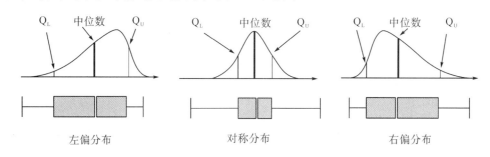

图 6-10 箱线图与数据分布关系图

箱线图不仅可以展示一个变量数据分布情况,还能同时展示多变量数据的箱线图.

例 5 从某大学经济管理专业二年级学生中随机抽取 11 人,对 8 门主要课程的考试成绩进行调查,所得结果如表 6-6. 试绘制各科考试成绩的比较箱线图,并分析各科考试成绩的分布特征.

表6-6   11名学生各科考试成绩表

课程名称	学生编号										
	1	2	3	4	5	6	7	8	9	10	11
英语	76	90	97	71	70	93	86	83	78	85	81
经济数学	65	95	51	74	78	63	91	82	75	71	55
西方经济学	93	81	76	88	66	79	83	92	78	86	78
市场营销学	74	87	85	69	90	80	77	84	91	74	70
财务管理	68	75	70	84	73	60	76	81	88	68	75
基础会计学	70	73	92	65	78	87	90	70	66	79	68
统计学	55	91	68	73	84	81	70	69	94	62	71
计算机应用基础	85	78	81	95	70	67	82	72	80	81	77

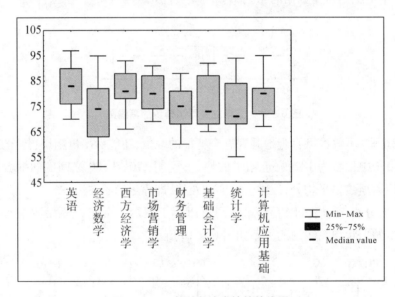

图6-11   各科考试成绩的箱线图

七、线图

线图,是一种用来表示时间序列数据趋势的图形,时间一般绘在横轴,数据绘在纵轴,图形的长宽比例大致为10:7,一般情况下,纵轴数据下端应从"0"开始,以便于比较. 数据与"0"之间的间距过大时,可以采取折断的符号将纵轴折断.

例6   我国1991—2003年城乡居民家庭的人均收入数据如表6-7所示. 试绘制线图.

表 6 - 7　　　　　　　　1991—2003 年城乡居民家庭人均收入表

1991—2003年城乡居民家庭人均收入		
年份	城镇居民(元)	农村居民(元)
1991	1 700.6	708.6
1992	2 026.6	784.0
1993	2 577.4	921.6
1994	3 496.2	1 221.0
1995	4 283.0	1 577.7
1996	4 838.9	1 926.1
1997	5 160.3	2 091.1
1998	5 425.1	2 162.0
1999	5 854.0	2 210.3
2000	6 280.0	2 253.4
2001	6 859.0	2 366.4
2002	7 702.8	2 475.6
2003	8 472.2	2 622.2

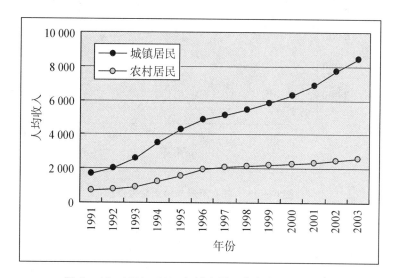

图 6 - 12　1991—2003 年城乡居民家庭人均收入线图

从图 6 - 12 可以看到随着时间变化,城镇居民和农村居民人均收入都呈现增长趋势,且城镇居民增长比农村居民增长速度快.

八、散点图

散点图是用来展示两个变量之间的关系,它用横轴代表变量 x,纵轴代表变量 y,每组数据 (x_i, y_i) 在坐标系中用一个点表示,n 组数据在坐标系中形成的 n 个点称为散点,由坐标及其散点形成的二维数据图.

例7 表6-8是棉花产量随着温度和降雨量的变化获得的产量数据,绘制散点图,并说明棉花产量与降雨量之间的关系.

表6-8   棉花产量与温度以及降雨量关系图

温度 / ^0C	降雨量/mm	产量/kg/hm^2
6	25	2 250
8	40	3 450
10	58	4 500
13	68	5 750
14	110	5 800
16	98	7 500
21	120	8 250

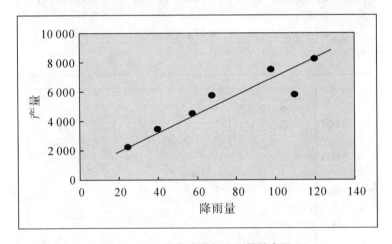

图6-13   棉花产量与降雨量散点图

从图6-13可以看出,整体上随着降雨量的增加,产量也随之增加.

九、气泡图

气泡图,用来显示三个变量之间的关系,图中数据点的位置用于描绘两个变量之间的关系,而数据点的大小则依赖于第三个变量,从而整个气泡图描绘三个变量之间的关系.

接例7,绘制棉花产量关于温度和降雨量的气泡图,并说明三者之间的关系.

从图6-14可以看到随着温度和降雨量的增加,棉花产量增加.

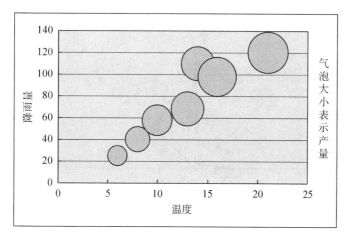

图 6 - 14　棉花产量、温度以及降雨量的气泡图

十、雷达图

雷达图,也称为蜘蛛图($spider\ chart$),是一种显示多个变量的图示方法,在显示或对比各变量的数值总和时十分有用. 假定各变量的取值具有相同的正负号,总的绝对值与图形所围成的区域成正比,雷达图可用于研究多个样本之间的相似程度.

设有 n 组样本 $S_1, S_2, \cdots, S_n$,每个样本测得 P 个变量 $X_1, X_2, \cdots, X_P$,要绘制这 P 个变量的雷达图,其具体做法是:

(1) 先做一个圆,然后将圆 P 等分,得到 P 个点,令这 P 个点分别对应 P 个变量,再将这 P 个点与圆心连线,得到 P 个幅射状的半径,这 P 个半径分别作为 P 个变量的坐标轴,每个变量值的大小由半径上的点到圆心的距离表示.

(2) 然后将同一样本的值在 P 个坐标上的点连线. 这样,n 个样本形成的 n 个多边形就是一个雷达图.

例8　2003 年我国城乡居民家庭平均每人各项生活消费支出构成数据如表 6 - 9 所示. 试绘制雷达图,并说明城镇居民与农村居民平均每人各项生活消费支出结构是否类似(即城镇居民与农村居民的消费观是否一致)?

表 6 - 9　　　　　2003 年城乡居民家庭平均每人生活消费支出构成表

2003年城乡居民家庭平均每人生活消费支出构成(%)		
项　目	城镇居民	农村居民
食品	37.12	45.59
衣着	9.79	5.67
家庭设备用品及服务	6.30	4.20
医疗保健	7.31	5.96
交通通讯	11.08	8.36
娱乐教育文化服务	14.35	12.13
居住	10.74	15.87
杂项商品与服务	3.30	2.21

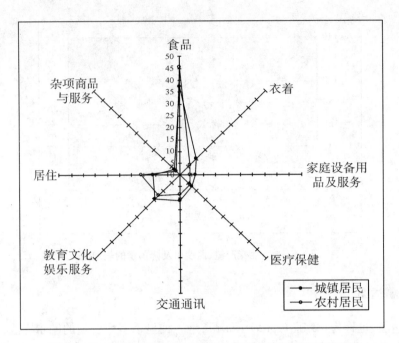

图 6 - 15　2003 年城乡居民家庭平均每人生活消费支出雷达图

从图 6 - 15 可以看到,城镇居民和农村居民平均每人各项生活消费支出结构大致相似.

习题六

1. 为评价家电行业售后服务的质量,随机抽取了由 100 个家庭构成的一个样本.服务质量的等级分别表示为:*A*.好;*B*.较好;*C* 一般;*D*.较差;*E*.差. 调查结果如下:

B	*E*	*C*	*C*	*A*	*D*	*C*	*B*	*A*	*E*
D	*A*	*C*	*B*	*C*	*D*	*E*	*C*	*E*	*E*
A	*D*	*B*	*C*	*C*	*A*	*E*	*D*	*C*	*B*
B	*A*	*C*	*D*	*E*	*A*	*B*	*D*	*D*	*C*
C	*B*	*C*	*E*	*D*	*B*	*C*	*A*	*D*	*C*
D	*A*	*C*	*B*	*C*	*D*	*E*	*C*	*E*	*B*
B	*E*	*C*	*C*	*A*	*D*	*C*	*B*	*A*	*E*
B	*E*	*A*	*C*	*E*	*E*	*A*	*B*	*C*	*C*
A	*D*	*B*	*C*	*C*	*A*	*E*	*D*	*C*	*B*
C	*B*	*C*	*E*	*D*	*B*	*C*	*C*	*B*	*C*

要求:

(1) 指出上面的数据属于什么类型.

(2) 用 *Excel* 制作一张频数分布表.

(3) 绘制一张条形图,反映评价等级的分布.

(4) 绘制评价等级的帕累托图.

2. 某行业管理局所属 40 个企业 2002 年的产品销售收入数据如下:

152	124	129	116	100	103	92	95	127	104
105	119	114	115	87	103	118	142	135	125
117	108	105	110	107	137	120	136	117	108
97	88	123	115	119	138	112	146	113	126

要求:

(1) 根据上面的数据进行适当的分组,编制频数分布表,并计算出累积频数和累积频率.

(2) 按规定,销售收入在 125 万元以上为先进企业,115 万 ~ 125 万元为良好企业,105 万 ~ 115 万元为一般企业,105 万元以下为落后企业,按先进企业、良好企业、一般企业、落后企业进行分组.

3. 利用下面的数据构建茎叶图和箱线图.

57	29	29	36	31
23	47	23	28	28
35	51	39	18	46
18	26	50	29	33
21	46	41	52	28
21	43	19	42	20

4. 一种袋装食品用生产线自动装填,每袋重量大约为 $50g$,但由于某些原因,每袋重量不会恰好是 $50g$. 下面是随机抽取的 100 袋食品,测得的重量数据如下:

单位:g

57	46	49	54	55	58	49	61	51	49
51	60	52	54	51	55	60	56	47	47
53	51	48	53	50	52	40	45	57	53
52	51	46	48	47	53	47	53	44	47
50	52	53	47	45	48	54	52	48	46
49	52	59	53	50	43	53	46	57	49

表(续)

49	44	57	52	42	49	43	47	46	48
51	59	45	45	46	52	55	47	49	50
54	47	48	44	57	47	53	58	52	48
55	53	57	49	56	56	57	53	41	48

要求:

(1) 构建这些数据的频数分布表.

(2) 绘制频数分布的直方图.

(3) 说明数据分布的特征.

5. 甲乙两个班各有 40 名学生,期末统计学考试成绩的分布如下:

考试成绩	人数	
	甲班	乙班
优	3	6
良	6	15
中	18	9
及格	9	8
不及格	4	2

要求:

(1) 根据上面的数据,画出两个班考试成绩的对比条形图和环形图.

(2) 比较两个班考试成绩分布的特点.

(3) 画出雷达图,比较两个班考试成绩的分布是否相似.

第七章　数据的描述性分析

引言:国家统计局公布,2016 年全国城镇非私营单位就业人员年平均工资为 67 569 元.不出意料,又有大批网友吐槽"被平均""拖后腿".正如很多人所说,拿平均工资来反映社会普遍收入状况是断然不够的.那么对于社会普遍收入状况应选择怎样的指标进行反应? 本章内容用来回答上述的问题.

本章我们介绍数据集中趋势、离散程度以及分布形状的度量指标,运用这些指标能够帮助我们解决实际生活中的一些问题.

第一节　集中趋势的描述

集中趋势反映的是一组数据向某一中心值靠拢的倾向,在中心值附近的数据数目较多,而远离中心值的数据数目较少. 对集中趋势进行描述就是寻找数据一般水平的中心值或代表值. 根据取得这个中心值的方法不同,我们把描述集中趋势的指标分为两类:数值平均数和位置平均数.

一、数值平均数

数值平均数是以统计数列的所有数据来计算的平均数.其特点是统计数列中任何一项数据的变动,都会在一定程度上影响数值平均数的计算结果. 常见的数值平均数有:算术平均数、调和平均数和几何平均数.

1. 算术平均数

算术平均数,也称均值,总体均值常用 u 表示,样本均值用 $\bar{X}$ 表示

简单算术平均数:

$$\bar{x} = \frac{x_1 + x_2 + \cdots + x_n}{n} = \frac{\sum_{i=1}^{n} x_i}{n} \tag{7-1}$$

加权算术平均数:

$$\bar{x} = \frac{\sum_{i=1}^{n} x_i \cdot f_i}{\sum_{i=1}^{n} f_i} \tag{7-2}$$

权数:各组次数(频数)的大小,所对应的标志值对平均数的影响具有权衡轻重的作用. 当各组的次数都相同时,加权算术平均数就等于简单算术平均数.

例1　某便民超市连锁店,每个店一天的销售额分别为 1 000,1 200,900,1 010,1 205(单位:元),试计算此连锁超市的平均日销售额.

解　由公式(7 - 1)可以知道

$$\bar{x} = \frac{1\ 000 + 1\ 200 + 900 + 1\ 010 + 1\ 205}{5} = 1\ 063(元)$$

例2　根据表7 - 1,计算某车间工人加工零件的平均数(组距式数列).

表7 - 1

按零件数分组 (个)	组中值 (x_i)	人数 (f_i)	$x_i f_i$
50 ~ 60	55	8	440
60 ~ 70	65	20	1 300
70 ~ 80	75	12	900
合计	—	40	2 640

解　由公式(7 - 2)可以知道

$$\bar{X} = \frac{\sum_i x_i f_i}{\sum_i f_i} = \frac{2\ 640}{40} = 66(个)$$

需要说明,根据原始数据和分组资料计算的结果一般不会完全相等,根据分组数据只能得到近似结果.只有各组数据在组内呈对称或均匀分布时,根据分组资料的计算结果才会与原始数据的计算结果一致,且此时可用均值代表这批数据的平均水平.

算术平均数的性质:(1) 各变量值与均值的离差之和等于零.

(2) 各变量值与均值的离差平方和最小.

(3) 算术平均数易受到极端值的影响.

2. 调和平均数

调和平均数是各个变量值倒数的算术平均数的倒数.

其具体计算方法:(1) 先计算各个变量值的倒数,即$\frac{1}{X}$;

(2) 再计算上述各个变量值的倒数的算术平均数,即$\dfrac{\sum \dfrac{1}{X}}{n}$;

（3）最后计算上述算术平均数的倒数，即 $\dfrac{n}{\sum \dfrac{1}{X}}$，即为调和平均数.

在社会经济统计学中经常用到的是一种特定权数的加权调和平均数.

$$\overline{x} = \frac{\sum Xf}{\sum f} = \frac{\sum Xf}{\sum \dfrac{1}{x} Xf} = \frac{\sum m}{\sum \dfrac{m}{x}} = \overline{X}_h \qquad (7-3)$$

式中：$m = Xf$，$f = \dfrac{m}{X}$，

式中 m 是一种特定权数，它不是各组变量值出现的次数，而是各组标志值总量.

例 3　某蔬菜批发市场三种蔬菜日成交数据如表 7-2 所示，计算三种蔬菜该日的平均批发价格.

表 7-2　　　　　　　　　　某日三种蔬菜的批发成交数据

某日三种蔬菜的批发成交数据		
蔬菜名称	批发价格(元) x	成交额(元) M
甲	1.20	18 000
乙	0.50	12 500
丙	0.80	6 400
合计	—	36 900

解　由公式（7-3）可以知道

$$\overline{X}_h = \frac{\sum m}{\sum \dfrac{m}{X}} = \frac{36\,900}{\dfrac{18\,000}{1.25} + \dfrac{12\,500}{0.5} + \dfrac{6\,400}{0.8}} = 0.778\,48 \text{ 元.}$$

需要注意，如果数列中有一标志值等于零，则无法计算调和平均数；同时，调和平均数也会受到极端值的影响，只是较之算术平均数，它受极端值的影响要小.

3. 几何平均数

几何平均数，又称"对数平均数"，是另一种形式的平均数，是 n 个标志值乘积的 n 次方根.主要用于计算平均比率和平均速度.

简单几何平均数：

$$G = \sqrt[n]{x_1 \cdot x_2 \cdots\cdots x_n} = \left(\prod x_i \right)^{\frac{1}{n}} \qquad (7-4)$$

加权几何平均数：

$$\sqrt[\sum\limits_{i=1}^{n} f_i]{x_1^{f_1} \cdot x_2^{f_2} \cdots\cdots x_n^{f_n}} = \sqrt[\sum\limits_{i=1}^{n} f_i]{\prod x_i^{f_i}} \qquad (7-5)$$

例 4　某企业四个车间流水作业生产某产品，一车间产品合格率 99%，二车间为 95%，三车间为 92%，四车间为 90%，计算该企业的平均产品合格率.

解　由公式（7-4）可以知道

$$\sqrt[4]{99\% \times 95\% \times 92\% \times 90\%} = 93.94\%$$

需要注意的是,如果数列中有一个标志值等于零或负值,就无法计算几何平均数;同时,几何平均数也会受到极端值的影响,只是受极端值的影响较算术平均数和调和平均数要小,但不能因此优点,拿到任何数据就计算几何平均数,几何平均数只适用于计算特定现象的平均水平,即现象的总标志值是各单位标志值的连乘积.

二、位置平均数

位置平均数:它不是对统计数列中所有数据进行计算所得的结果,而是根据数列中处于特殊位置上的个别单位或部分单位的标志值来确定的.常见的位置平均数有:众数和中位数.

1. 众数

众数,一组数据中出现次数最多的变量值. 众数作为位置平均数,它只考虑总体分布中最频繁出现的变量值,而不受各单位标志值的影响,从而增强了对变量数列一般水平的代表性. 众数不受极端值和开口组数列的影响. 但是众数是一个不容易确定的平均指标,当分布数列没有明显的集中趋势而趋均匀分布时,则无众数可言;当变量数列是不等距分组时,众数的位置也不好确定. 同时,无论是分类数据、顺序数据还是数值型数据,都有可能存在众数,且数据具有明显集中趋势时用众数代表这批数据的平均水平.

例 5　沿用第六章中例 2 的例子,通过编制好的频数分布表 7 - 3 寻找这 50 名顾客购买饮料品牌的众数.

表 7 - 3　　　　　　　　　不同品牌饮料的频数分布表

不同品牌饮料的频数分布			
饮料品牌	频数	比例	百分比(%)
可口可乐	15	0.30	30
旭日升冰茶	11	0.22	22
百事可乐	9	0.18	18
汇源果汁	6	0.12	12
露露	9	0.18	18
合计	50	1	100

解　这里的变量为"饮料品牌",这是个分类变量,不同类型的饮料就是变量值.变量取值出现最多的是"可口可乐",出现了 15 次,因而"可口可乐"这一品牌是饮料品牌取值的众数.

例 6　沿用第六章例 3 的例子,通过编制好的频数分布表 7 - 4 寻找甲城市这 300 名家庭对住房状况评价的众数.

表 7 - 4　　　　　　甲城市家庭对住房状况评价的频数分布表

甲城市家庭对住房状况评价的频数分布		
回答类别	甲城市	
	户数（户）	百分比（%）
非常不满意	24	8
不满意	108	36
一般	93	31
满意	45	15
非常满意	30	10
合计	300	100.0

解　这里变量为甲城市家庭对住房状况评价的"回答类别"，是个顺序变量，不同的回答类别就是变量的取值. 从频数分布表中看到，变量取值出现最多的是"不满意"，共出现了 108 次，因此众数为"不满意"这一回答类别.

例 7　表 7 - 5 是某工厂每个工人生产零件的日产量数据，按照分组数据表示的，试计算其众数.

表 7 - 5

按日产量分组（千克）	工人人数（人）
60 以下	10
60 ~ 70	19
70 ~ 80	50
80 ~ 90	36
90 ~ 100	27
100 ~ 110	14
110 以上	8

解　先找到众数所在组（出现次数最多的组）为 70 ~ 80.

然后利用计算众数近似值的公式计算出众数的近似值，

下限公式
$$M_0 = X_L + \frac{\Delta_1}{\Delta_1 + \Delta_2} \cdot d \qquad (7-6)$$

上限公式
$$M_0 = X_U + \frac{\Delta_1}{\Delta_1 + \Delta_2} \cdot d \qquad (7-7)$$

其中 X_L 表示众数所在组的下限值，X_U 表示众数所在组的上限值，Δ_1 表示众数组频数与比下限值小的那组的频数之差，Δ_2 表示众数组频数与比上限值大的那组频数之差，d 为众数组组距.

故利用公式（7 - 6）可得日产量众数取值为 $= 70 + \dfrac{50 - 19}{(50 - 19) + (50 - 36)} \times 10$

= 76.89(千克)

注:利用上限公式和下限公式得到的众数值相等.

2. 中位数

中位数是一组数据按一定顺序排列后,处于中间位置上的变量取值. 对于一组数据而言,中位数是唯一的,且不受极端值的影响. 只有顺序数据和数值型数据才有中位数,而分类数据没有中位数. 当一批数据偏斜程度较大,但无明显峰值的时候用中位数代表这批数据的平均水平.

例8 沿用第二章例3的例子,将300名家庭对住房状况评价的回答类别取值排序,并编制频数分布表7-6,寻找回答类别的中位数.

解 这里的变量为甲城市家庭对住房状况评价的"回答类别",是个顺序变量,不同的回答类别就是变量的取值. 从排序后的频数分布表中看到,由于是偶数个,变量取值最中间位置应该是第150和151,其对应的取值都是"一般",因此中位数为"一般"这一回答类别.

表7-6 　　　　　　　　甲城市家庭住房状况评价频数分布表

甲城市家庭对住房状况评价的频数分布		
回答类别	甲城市	
	户数 (户)	累计频数
非常不满意	24	24
不满意	108	132
一般	93	225
满意	45	270
非常满意	30	300
合计	300	—

例9 有5个工人生产某产品件数,分别为:23,29,26,20,30,求其中位数.

解 先将其排序得20,23,26,29,30;计算中间位置为(5 + 1)/ 2 = 3;最后看中间位置所对应的取值是多少,则中位数就是多少,在此例中,位置3所对应的数为26,即中位数为26.

注:针对未分组的 n 个原始数据,在计算中间位置时,n 为奇数时,中间位置为 $(n + 1)/2$;当 n 为偶数时,最中间位置有两个,分别为 $n/2$ 和 $(n/2) + 1$ 个位置,此时中位数等于这两个位置所对应数据取值的平均值.

例10 表7-7是某工厂每个工人生产零件的日产量数据分组之后编制的频数分布表,按照表7-7所示,试计算其中位数.

表 7 - 7 　　　　　　　某工厂工人生产零件日产量的频数分布表

按日产量分组 （千克）	工人数 （人）	较小制累计	较大制累计
50 ~ 60	10	10	164
60 ~ 70	19	29	154
70 ~ 80	50	79	135
80 ~ 90	36	115	85
90 ~ 100	27	142	49
100 ~ 110	14	156	22
110 以上	8	164	8
合计	164	–	–

解　先确定中位数位置 $\dfrac{\sum f}{2} = \dfrac{164}{2} = 82$ 知中位数在 80 ~ 90 这一个组内.

然后利用中位数的计算公式计算出中位数的近似取值,

下限公式(较小制累计时用): $M_e = X_L + \dfrac{\dfrac{\sum f}{2} - S_{m-1}}{f_m} \cdot d$ 　　　　(7 - 8)

上限公式(较大制累计时用): $M_e = X_U + \dfrac{\dfrac{\sum f}{2} - S_{m+1}}{f_m} \cdot d$ 　　　　(7 - 9)

其中 $\sum f$ 为总的观察频数, f_m 为中位数所在组的观测频数, S_{m+1} 为按较大制累积时比中位数所在组取值大的那一组的累积频数, S_{m-1} 为按较小制累积时比中位数所在组取值小的那一组的累积频数.

故此例中,按照下限公式 7 - 8,计算出日产量的中位数取值为

$$= 80 + \dfrac{\dfrac{164}{2} - 79}{36} \times 10 = 80.83$$

同样,通过上限公式和下限公式计算出来的中位数取值一样.

最后,我们看一下,算术平均数、中位数和众数之间的关系,以及对应的分布形状(图 7 - 1).

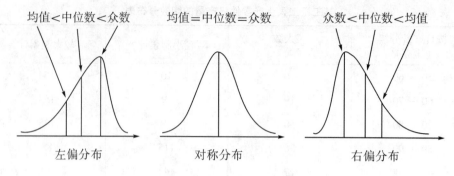

图 7 - 1　数据分布示意图

需要注意的是,中位数始终位于均值和众数之间.

第二节　离散程度的描述

离散程度反映各变量值远离其中心值的程度(离散程度),它从另一个侧面说明了集中趋势测度值的代表程度. 常用的离散程度测量指标有:异众比率、全距、四分位差、平均差、方差和标准差、离散系数.

一、异众比率

异众比率,非众数组频数占所有频数的比率,计算公式为

$$V_r = \frac{\sum_i f_i - f_m}{\sum_i f_i} = 1 - \frac{f_m}{\sum_i f_i} \qquad (7 - 10)$$

(7 - 10) 式中 $\sum_i f_i$ 为变量值的总频数;f_m 为众数所在组的频数. 一般用来刻画众数的代表性好坏.异众比率越大,说明非众数组的频数占总频数的比重越大,众数的代表性越差.相反,异众比率越小,说明非众数组的频数占总频数的比重越小,众数的代表性越好.

二、全距

全距,也叫极差,是一组数据的最大值与最小值之差,可以刻画一批数据总的离散情况,但是一般不用来对平均水平指标进行代表性好坏的度量.

三、四分位差

四分位差也称内距或四分间距,是指第三四分位数和第一四分位数取值之差.其计算公式为:

$$Q_r = Q_3 - Q_1 \qquad (7 - 11)$$

这里需要先弄清楚分位数的概念. 把所有数据由小到大排列并分成若干等份,处于分割点位置的数值就是分位数.分位数可以反映数据分布的相对位置(而不单单是中心位置).常用的有四分位数、十分位数、百分位数.

四分位数($Quartile$): Q_1,Q_2,Q_3 ;

十分位数($Decile$): $D_1,D_2,\cdots,D_9$;

百分位数($Percentile$): $P_1,P_2,\cdots,P_{99}$;

把所有数据由小到大排列并分成四等份,处于三个分割点位置的数值就是四分位数.四分位数计算的具体步骤:

首先确定四分位数的位置,再找出对应位置的标志值即为四分位数.设样本容量为 n ,则每个四分位数所对应的位置为

$$Q_1:\frac{n+1}{4},Q_2:\frac{2(n+1)}{4},Q_3:\frac{3(n+1)}{4}.$$

如果各位置计算出来的结果恰好是整数,这时各位置上的标志值即为相应的四分位数;如果四分位数的位置不是整数,则四分位数为前后两个数的加权算术平均数.权数的大小取决于两个整数位置与四分位数位置距离的远近,距离越近,权数越大.

在实际应用中,计算四分位数的方法并不统一(数据量大时这些方法差别不大),对于一组排序后的数据:

SPSS 中四分位数的位置分别为 $\frac{n+1}{4},\frac{2(n+1)}{4},\frac{3(n+1)}{4}$.

Excel 中四分位数的位置分别为 $\frac{n+3}{4},\frac{2(n+1)}{4},\frac{3n+1}{4}$.

例 11　试计算 $5,7,2,6,8,10,15,16,9,12$ 的四分位差.

解

排序后的数据: $2,5,6,7,8,9,10,12,15,16$

Q_1 位置 $=\dfrac{10+1}{4}=2.75$

Q_2 位置 $=\dfrac{2\times(10+1)}{4}=5.5$

Q_3 位置 $=\dfrac{3\times(10+1)}{4}=8.25$

不能整除时需加权平均:

$Q_1=5+0.75\times(6-5)=5.75$

$Q_2=(8+9)/2=8.5$

$Q_3=12+0.25\times(15-12)=12.75$

四分位差反映了中间 50% 数据的离散程度,数值越小说明中间数据越集中.

四、平均差

平均差也称平均绝对偏差,总体所有单位的标志值与其平均数的离差绝对值的算术平均数.通常用 M_D 表示.

未分组数据计算平均差的公式为:

$$M_D = \frac{\sum\limits_{i=1}^{n} |x_i - \bar{x}|}{n} \qquad (7-12)$$

加权式(分组数据)平均差的公式为:

$$M_D = \frac{\sum\limits_{i=1}^{n} |x_i - \bar{x}| f_i}{\sum\limits_{i=1}^{i} f_i} \qquad (7-13)$$

平均差虽然能较好地区别出不同组数据的分散情况或程度,但它的缺点是绝对值不适合做进一步的数学分析.为了解决此缺点,引入方差和标准差.

五、方差和标准差

方差是一组数据中各数值与其算术平均数离差平方的平均数.标准差是方差的算术平方根.根据总体数据计算的,称为总体方差(标准差),记为 $\sigma^2(\sigma)$;根据样本数据计算的,称为样本方差(标准差),记为 $s^2(s)$.

方差的计算公式如表 7-8 所示:

表 7-8　　　　　　　　　方差计算公式表

方差的计算公式

	总体方差	样本方差
未分组数据	$\sigma^2 = \dfrac{\sum\limits_{i=1}^{N}(X_i - \bar{X})^2}{N}$	$s^2 = \dfrac{\sum\limits_{i=1}^{n}(x_i - \bar{x})^2}{n-1}$
分组数据	$\sigma^2 = \dfrac{\sum\limits_{i=1}^{K}(X_i - \bar{X})^2 f_i}{\sum\limits_{i=1}^{K} f_i}$	$s^2 = \dfrac{\sum\limits_{i=1}^{k}(x_i - \bar{x})^2 f_i}{\sum\limits_{i=1}^{k} f_i - 1}$

样本方差用 (n-1) 去除,从数学角度看是因为它是总体方差 σ^2 的无偏估计量。

例 12   在某地区抽取的 120 家企业按利润额进行分组,结果如表 7 - 9 所示. 试计算 120 家企业利润额的均值和标准差.

表 7 - 9

按利润额分组(万元)	企业数(个)
200 ~ 300	19
300 ~ 400	30
400 ~ 500	42
500 ~ 600	18
600 以上	11
合计	120

解 $\bar{x} = \dfrac{\sum\limits_{i=1}^{5} x_i f_i}{\sum\limits_{i=1}^{5} f_i} = \dfrac{250 \times 19 + 350 \times 30 + 450 \times 42 + 550 \times 18 + 650 \times 11}{120}$

$= 426.67$

$s = \sqrt{\dfrac{\sum\limits_{i=1}^{5} (x_i - \bar{x})^2 f_i}{\sum\limits_{i=1}^{5} f_i - 1}}$

$= \sqrt{\dfrac{(250 - 426.67)^2 \times 19 + (350 - 426.67)^2 \times 30 + \cdots + (650 - 426.67)^2 \times 11}{119}}$

$= 116.48$

六、离散系数

离散系数也称变异系数,是各变异指标与其算术平均数的比值.例如,将极差与其平均数对比,得到极差系数;将标准差与其平均数对比,得到标准差系数.最常用的变异系数是标准差系数:标准差与其相应的均值之比,表示为百分数.

$$V_\sigma = \frac{\sigma}{\bar{X}}(总体) \quad 或 \quad V_s = \frac{s}{\bar{x}}(样本) \qquad (7 - 14)$$

标准差系数反映了相对于均值的相对离散程度;可用于比较计量单位不同的数据的离散程度;计量单位相同时,如果两组数据的均值相差悬殊,标准差系数比标准差更有意义.

例 13   某管理局抽查了所属的 8 家企业,其产品销售数据如表 7 - 10 所示,试比较产品销售额和销售利润的离散程度.

表 7 – 10

企业编号	产品销售额(万元)x_1	销售利润(万元)x_2
1	170	8.1
2	220	12.5
3	390	18.0
4	430	22.0
5	480	26.5
6	650	40.0
7	950	64.0
8	1 000	69.0

解

销售额 $\bar{x}_1 = 536.25($万元$)$ $s_1 = 309.19($万元$)$ $v_1 = \dfrac{309.19}{536.25} = 0.577$

销售利润 $\bar{x}_2 = 32.5215($万元$)$ $s_2 = 23.09($万元$)$ $v_2 = \dfrac{23.09}{32.5215} = 0.710$

结论:计算结果表明 $v_1 < v_2$,说明产品销售额的离散程度小于销售利润的离散程度。

七、数据的标准化

标准化数值是变量值与其平均数的离差除以标准差后的值,也称为 z 分数或标准分数.设标准化数值为 z,则有:

$$z_i = \frac{x_i - \bar{x}}{s} \tag{7 – 15}$$

对于来自不同均值和标准差的个体的数据,往往不能直接对比.这就需要将它们转化为同一规格、尺度的数据后再比较.标准分数是对某一个值在一组数据中相对位置的度量.

例 14 假定某班学生先后两次进行了难度不同的大学英语综合考试,第一次考试成绩的均值和标准差分别为 80 分和 10 分,而第二次考试成绩的均值和标准差分别为 70 分和 7 分.张三第一、二次考试的成绩分别为 92 分和 80 分,那么全班相比较而言,他哪一次考试的成绩更好呢?

解 由于两次考试成绩的均值和标准差不同,每个学生两次考试的成绩不宜直接比较.利用标准分数进行对比,

$$\frac{92 - 80}{10} = 1.20 \qquad \frac{80 - 70}{7} = 1.43$$

计算结果表明,第二次考试成绩更好些.

对称分布中的 3σ 法则:变量值落在 $[\bar{X} - 3\sigma , \bar{X} + 3\sigma]$ 范围以外的情况极为少见,如图 7 - 2 所示.因此通常将落在区间 $[\bar{X} - 3\sigma , \bar{X} + 3\sigma]$ 之外的数据称为**离群点**(或**异常数据**).

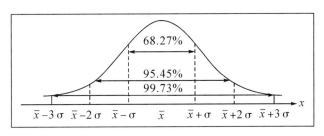

图 7 - 2　3σ 准则示意图

第三节　分布形状的描述

集中趋势和离散程度是数据分布的两个重要特征,但要全面了解数据分布的特点,还需要知道数据分布的形状是否对称、偏斜程度以及分布的扁平程度等.偏态和峰度就是对这些分布特征的进一步描述.偏态和峰度是英国统计学家卡尔·皮尔逊首先提出的.

一、偏态

如果次数分布是完全对称的,叫对称分布;如果次数分布不是完全对称的,就称为偏态分布.**偏度**,用来刻画次数分布的非对称程度,用偏态系数来表示.偏态系数用 α 来表示,其计算公式为

$$\alpha = \frac{v_3}{s^3} = \frac{\sum_{i=1}^{n} (x_i - \bar{x})^3 f_i}{\sum_{i=1}^{n} f_i \cdot s^3} \tag{7 - 16}$$

当 $\alpha = 0$ 时,左右完全对称,为正态分布;当 $\alpha > 0$ 时为正偏(或右偏);当 $\alpha < 0$ 时为负偏(或左偏).且偏态系数 α 的数值一般在 0 与 ± 3 之间,偏态系数越接近于 0,分布的偏斜程度越小;偏态系数越接近于 ± 3,分布的偏斜程度越大.如图 7 - 3 所示.

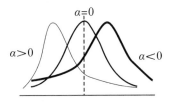

图 7 - 3　偏度系数示意图

二、峰度

峰度是指变量的集中程度和次数分布曲线的陡峭(或平坦) 的程度.

在变量数列的分布特征中,常常以正态分布为标准,观察变量数列分布曲线顶峰的尖平程度,统计上称之为峰度.用峰度系数来表示,记号 β,其计算公式为

$$\beta = \frac{\nu_4}{s^4} - 3 = \frac{\sum\limits_{i=1}^{n} (x_i - \bar{x})^4 f_i}{\sum\limits_{i=1}^{n} f_i \cdot s^4} - 3 \qquad (7-17)$$

正态分布的峰度系数等于 0,当 $\beta > 0$ 时为尖峰分布,表示次数分布比正态分布更集中;当 $\beta < 0$ 时为平峰分布,表示次数分布比正态分布更分散.如图 7 - 4 所示.

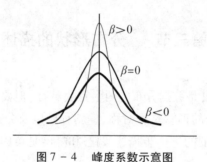

图 7 - 4 峰度系数示意图

习题七

1. 判断题.

(1) 任何平均数都受变量数列中的极端值的影响.

(2) 中位数把变量数列分成了两半,一半数值比它大,一半数值比它小.

(3) 任何变量数列都存在众数.

(4) 极差越小说明数据的代表性越好,数据越稳定.

2. 算术平均数、中位数和众数三者的数量关系说明什么样的变量分布特征?

3. 什么是众数? 有什么特点? 试举例说明其应用.

4. 四分位差、平均差和标准差衡量的是哪个平均指标? 上述三个指标哪些更优越?

5. 如果某同学在英语竞赛中的标准得分为 2,并且知道 1% 为一等奖,5% 为二等奖,10% 为三等奖,则他( ).

A.获一等奖   B.获二等奖

C.获三等奖   D.无缘奖项

6. 想知道某班同学统计学考试成绩的稳定性,需要用哪些指标比较好? 想比较

某班同学统计学考试成绩和大学英语考试成绩的稳定性,用哪些指标比较好?

7. 甲乙丙三个班《统计学》考试情况分别如下表所示:

60 分以下	2	60 分以下	2	60 分以下	2
60 ~ 70	8	60 ~ 70	30	60 ~ 70	5
70 ~ 80	22	70 ~ 80	8	70 ~ 80	12
80 ~ 90	10	80 ~ 90	4	80 ~ 90	25
90 分以上	4	90 分以上	1	90 分以上	7

试回答下列问题:

(1)计算甲、乙、丙三个班的平均成绩;该平均值是真实值还是近似值? 如是近似值,什么情况下会是真实值?

(2)计算甲、乙、丙三个班的中位数、众数;

(3)如要选择从算术平均数、中位数和众数三个平均数中选择一个数来分别代表甲、乙、丙三个班的整体水平,请问你会选择哪个平均数? 为什么?

(4)如要分别反映甲、乙、丙三个班的考试情况,你会选择用哪些指标来衡量?

(5)如要比较甲、乙、丙三个班的考试情况的优劣,你又会选择什么指标来衡量?

(6)甲乙丙三个班的考试成绩分别服从对称分布、左偏分布、右偏分布中的哪种分布? 为什么?

8. 已知 9 个家庭的人均月收入数据为:

1 500   750   780   1 080   850   960   2 000   1 250   1 630

试求这组数据的第一和第三四分位数.

第八章　T检验与方差分析

引言:在概率论与数理统计中,我们已经学习过关于一个正态总体均值的检验,在实际问题中,我们更多的会遇到检验两列正态分布的高测度数据(定距数据和高测度定序数据)是否存在差异,或者检验多个正态总体数列是否存在显著差异,此时可以通过验证它们的均值差异性来达到目的,前者可以使用 T 检验,而后者则使用方差分析. T 检验适用于单因素双水平,方差分析适用于多因素多水平.

本章介绍 T 检验与方差分析的相关知识,能够将相关知识用以解决实际生活中的若干问题.

第一节　T 检验实例分析

一、T 检验基础知识

根据数据序列的特点,T 检验可以分为四种类型:单样本 T 检验、配对样本 T 检验、独立样本等方差 T 检验和独立样本异方差 T 检验. 在具体应用中,应根据数据序列的特点选择相应的检验方法. 如果两列数据之间具有一一对应关系,这种数据称为配对样本,例如同一年级学生的两次考试. 如果两列数据各自为一个集合,两个集合内的数据没有对应关系,甚至数据观察数目都不相等,这种数据称为独立样本. 对于配对样本,可以直接进行 T 检验;对于独立样本,则需要先检验两列数据的方差是否齐性,如果方差齐性,则使用独立样本等方差检验,否则要使用独立样本异方差检验.

T 检验步骤回顾:

(1)提出假设

$H_0:u_1 = u_2, H_1:u_1 \neq u_2$

(2)方差齐性检验

$H_0:\sigma_1^2 = \sigma_2^2; H_1:\sigma_1^2 \neq \sigma_2^2$

(3)构造 t 检验统计量(根据方差是否相等得到不同的 t 检验统计量)

(4)检验 p 值与显著性水平 α 进行比较并作决策

检验 p 值 $> \alpha$,接受原假设,认为两总体均值相同;

检验 p 值 $< \alpha$,拒绝原假设,认为两总体均值不同.

SPSS 的 T 检验分析步骤:

(1)检验数据正态性;选择【分析】-【非参数检验】-【旧对话框】-【样本 $K-S$】命令,检验数据的正态性.

(2)如果是正态数据,可以进行 T 检验;根据不同数据类型选择不同 T 检验方式.选择【分析】-【比较平均值】-【单样本 T 检验】(包括配对样本 T 检验、独立样本 T 检验).

(3)输出结果解读;根据结果输出的检验概率,判断两样本是否存在显著性差异;或判断与某一个具体的常数是否有显著性差异.

二、案例分析

例 1   现有一份《×× 大学学生成绩》的数据如表 8-1 所示,需要分析两个问题:

(1)分析变量语文、数学、外语、历史成绩是否存在显著性差异;

(2)分析男生和女生的数学成绩是否存在显著性差异.

$$\alpha = 0.05$$

表 8-1   ×× 大学学生成绩

学号	姓名	性别	专业	zy	籍贯	jg	爱好	ah	语文
201601	纪海燕	女	生物工程	1	广东	1	科学	1	94.0
201602	李军	男	计算机	2	江西	2	文学	2	80.0
201603	明汉琴	女	应用化学	3	湖南	3	艺术	3	75.0
201604	沈亚杰	男	文学	4	浙江	4	科学	1	84.0
201605	时扬	男	经济学	5	山西	5	文学	2	85.0
201606	汤丽丽	女	英语	6	陕西	6	艺术	3	88.0
201607	王丹	女	生物工程	1	广东	1	科学	1	81.0
201608	吴凤祥	男	计算机	2	江西	2	文学	2	79.0
201609	尚丽丽	女	应用化学	3	湖南	3	艺术	3	88.0
201610	徐丽云	女	文学	4	浙江	4	科学	1	81.0
201611	颜刚	男	经济学	5	山西	5	文学	2	84.0
201612	袁刚	男	英语	6	陕西	6	艺术	3	79.0
201613	张珊珊	女	生物工程	1	广东	1	科学	1	83.0
201614	郑永军	男	计算机	2	江西	2	文学	2	73.0

解   (1)分析变量语文、数学、外语、历史成绩是否存在显著性差异.

首先,分析语文、数学、英语和历史成绩的分布形态,结果如表 8-2 所示:

表 8-2   正态分布检验表

单样本 $Kolmogorov-Smirnov$ 检验

	语文	数学	英语	历史
N	60	60	60	60

表8-2(续)

		语文	数学	英语	历史
正态参数[a,b]	均值	80.533	85.533	84.300	75.317
	标准差	4.5565	4.2724	4.7810	4.8590
最极端差别	绝对值	.085	.110	.100	.123
	正	.074	.099	.100	.123
	负	-.085	-.110	-.081	-.066
Kolmogorov - Smirnov Z		.658	.851	.771	.956
渐近显著性(双侧)		.780	.464	.592	.320

　　从表8-2可知,语文、数学和英语成绩服从正态分布,而历史成绩不服从正态分布.所以对语文、数学和英语成绩进行配对样本 T 检验,检验它们是否有显著性差异.

　　第二步,由于语文、数学和英语成绩是根据学生性别——一对应的,所以使用配对样本 T 检验进行分析.选择菜单【分析】-【比较平均值】-【配对样本 T 检验】,将语文、数学和英语成绩选为分析变量,得到结果如表8-3所示:

表8-3　　　　　　　　　　　　　配对样本 T 检验输出结果

成对样本统计量

		均值	N	标准差	均值的标准误
对1	语文	80.533	60	4.556 5	.5882
	数学	85.533	60	4.272 4	.5516
对2	语文	80.533	60	4.556 5	.5882
	英语	84.300	60	4.781 0	.6172

成对样本相关系数

		N	相关系数	Sig.
对1	语文 & 数学	60	.009	.948
对2	语文 & 英语	60	.164	.209

成对样本检验

		成对差分					t	df	Sig.(双侧)
					差分的95% 置信区间				
		均值	标准差	均值的标准误	下限	上限			
对1	语文 - 数学	-5.000 0	6.219 2	.802 9	-6.606 6	-3.393 4	-6.228	59	.000
对2	语文 - 英语	-3.766 7	6.037 6	.779 5	-5.326 4	-2.207 0	-4.832	59	.000

　　从表8-3可知,语文成绩和数学成绩显著不同,语文成绩与英语成绩也有显著性差异.

　　(2)分析男生和女生的数学成绩是否存在显著性差异.

　　由于男生的数学成绩与女生的数学成绩属于两个独立样本,所以需要先检查男生与女生分组后的数学成绩的方差是否齐性.

第一步,选择【分析】-【比较平均值】-【独立样本 T 检验】,将数学成绩选为检验变量,将性别选为分组变量;如图 8 - 1 所示:

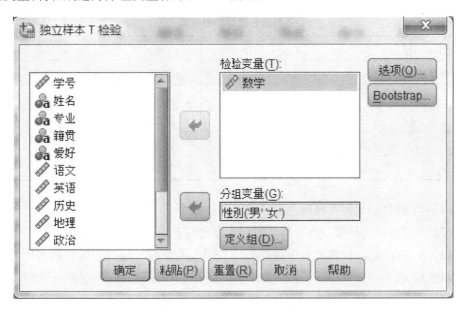

图 8 - 1 独立样本 T 检验对话框

第二步,点击【确定】,输出结果如表 8 - 4 所示;

表 8 - 4 独立样本 T 检验输出结果

		方差方程的 Levene 检验		均值方程的 t 检验						
									差分的 95% 置信区间	
		F	Sig.	t	df	Sig.(双侧)	均值差值	标准误差值	下限	上限
数学	假设方差相等	.308	.581	-.662	58	.511	-.733 3	1.108 4	-2.952 1	1.485 4
	假设方差不相等			-.662	57.704	.511	-.733 3	1.108 4	-2.952 3	1.485 6

从表 8 - 4 可知,在 $Levene$ 方差测试中,显著性为 0.581,大于 0.05,所以男生和女生的数学成绩是方差齐性的,所以看第一行,T 检验的显著性为 0.511,大于 0.05,表明男生与女生的数学成绩没有显著性差异. 如果在 $Levene$ 方差测试中,显著性结果小于 0.05,则需要看第二行的 T 检验结果.

第二节 单因素方差分析

一、案例分析

例1 某饮料生产企业研制出一种新型饮料. 饮料的颜色共有四种,分别为橘黄色、粉色、绿色和无色透明. 这四种饮料的营养含量、味道、价格、包装等可能影响销售量的因素全部相同. 现从地理位置相似、经营规模相仿的五家超级市场上随机收集了前一时期该饮料的销售情况, 见表8-5. 通过回答下列问题, 分析饮料的颜色是否对销售量产生影响? 并用相关的数学表达式表示你的答案.

表8-5　　　　　　　　　不同颜色饮料的销售量

超市	无色	粉色	橘黄色	绿色
1	26.5	31.2	27.9	30.8
2	28.7	28.3	25.1	29.6
3	25.1	30.8	28.5	32.4
4	29.1	27.9	24.2	31.7
5	27.2	29.6	26.5	32.8

(1)4个颜色的饮料哪种颜色销售情况比较好?

(2) 你是通过比较哪一些指标得到(1) 题的答案的?

(3) 从实际出发, 饮料的销售量受到哪些因素的影响? 这些因素中哪些因素相对影响比较大?

(4) 结合表8-5中数据, 说明不同颜色饮料的销售量的差异是由什么因素引起的?

(5) 结合表8-5中数据, 说明同一颜色饮料的销售量的差异是由什么因素引起的?

(6) 怎么通过数学表达式来体现所有的饮料、同一个颜色饮料、不同颜色饮料销售量的差异?

结合上面所列出的所有问题, 我们需要先了解一些相关的基本概念.

二、方差分析的基本概念

因素是指所要研究的变量, 它可能对因变量产生影响. 在本例中, 要分析不同颜色对销售量是否有影响, 所以, 销售量是因变量, 而颜色是可能影响销售量的因素.

如果方差分析只针对一个因素进行, 称为单因素方差分析. 如果同时针对多个因素进行, 称为多因素方差分析.

水平指因素的具体表现, 如四种颜色就是因素的不同水平. 有时水平是人为划分的, 比如质量被评定为好、中、差.

单元指因素水平之间的组合. 如销售方式以下有五种不同的销售业绩, 就是五个单元. 方差分析要求的方差齐性就是指的各个单元间的方差齐性.

三、方差分析的基本假定

要辨别随机误差和颜色这两个因素中哪一个是造成销售量有显著差异的主要原因, 这一问题可归结于判断三个总体是否具有相同分布的问题, 从而有以下三种情况：

假设 1　四组数据来自具有相同均值的正态总体（假设方差相等）；

假设 2　四组数据来自具有相同均值与方差的正态总体；

假设 3　四组数据来自具有相同方差的总体.

实践中，人们通常只对假设 1、假设 2 进行统计检验，特别是假设 1 的检验，即人们通常所说的"单因素方差分析".

1. 单因素方差分析的基本假定

（1）各个水平的数据是从相互独立的总体中抽取的（独立性）；

（2）各个水平下的因变量服从正态分布（正态性）；

（3）各水平下的总体具有相同的方差（方差齐性）.

2. 方差齐性检验（Levene 检验）

（1）原假设与备择假设

$H_0 : \sigma_1^2 = \sigma_2^2 = \sigma_3^2 = \sigma_4^2$

$H_1 : \sigma_1^2, \sigma_2^2, \sigma_3^2, \sigma_4^2$ 不全相等

（2）输出结果的阅读

由表 8 - 6 可知检验 p 值（Sig.）大于 0.05，接受原假设，认为四个总体方差相等，满足方差齐性的假定. 反之，则不满足方差齐性的假定. 同时对于正态性而言，只要不是严重的偏态，在样本量较大的情况下结果都很稳定；对方差齐性问题，只要所有组中的最大、最小方差之比小于 3，那么检验结果也是非常稳定的.

表 8 - 6　　　　　　　方差齐性输出结果

方差齐性检验

VAR00001

Levene 统计量	df1	df2	显著性
.282	3	16	.838

四、方差分析的基本思想

方差分析的基本思想就是从不同角度计算出有关的均值与方差，然后通过组内方差与组间方差的对比，在一定统计理论指导下分析条件误差与随机误差，进而分解或判断出实验观察数据中必然因素和偶然因素（随机）的影响大小（统计意义上的显著性）.

因此，需要弄清楚三个问题，总误差平方和、组间误差平方和、组内误差平方和.

1. 总误差平方和

总误差平方和也叫"总离差平方和"或"总方差"，指的是全部观察值 x_{ij} 与总平均值 $\bar{x}$ 的离差平方和，反映了全部观察值的离散状况，记号 SST，它包含了系统误差（组间误差）和随机误差，其计算公式为：

$$SST = \sum_{i=1}^{k} \sum_{j=1}^{n_i} (x_{ij} - \bar{x})^2 \qquad (8-1)$$

2. 组间误差平方和

组间误差平方和也叫"系统误差平方和"或"系统误差"或"组间误差",指的是各自水平下所有取值的平均值 $\bar{x}_i$ 与总平均值 $\bar{x}$ 的离差平方和,反映了不同水平作用产生的差异大小,记号 SSA,它包含了随机误差和系统误差,其计算公式为:

$$SSA = \sum_{i=1}^{k} \sum_{j=1}^{n_i} (\bar{x}_i - \bar{x})^2 = \sum_{i=1}^{k} n_i (\bar{x}_i - \bar{x})^2 \qquad (8-2)$$

3. 组内误差平方和

组内误差平方和也叫"组内方差"或"随机误差",指的是各自水平下的所有样本数据与本水平下的平均值之间的离差平方和,反映了水平内部数据的离散状况,实质上就是随机因素带来的影响,记号 SSE,它只包含了随机误差,其计算公式为:

$$SSE = \sum_{i=1}^{k} \sum_{j=1}^{n_i} (x_{ij} - \bar{x}_i)^2 \qquad (8-3)$$

三个平方和之间的关系为:

$$SST = SSA + SSE \qquad (8-4)$$

各自对应的自由度之间的关系为:

$$n - 1 = (k-1) + (n-k) \qquad (8-5)$$

从误差平方和的计算公式 $(8-2)$ 与 $(8-3)$ 可以看到,SSA 和 SSE 的取值大小受到样本观测数据数目的影响,为了消除此影响,我们将其平均,得到均方误差 MSA 和 MSE.

组间均方误差

$$MSA = \frac{SSA}{k-1} \qquad (8-6)$$

组内均方误差

$$MSE = \frac{SSE}{n-k} \qquad (8-7)$$

根据方差分析的基本思想,我们需要比较 MSA 和 MSE 的大小,故构造一个统计量.

$$F = \frac{MSA}{MSE} \sim F(k-1, n-k) \qquad (8-8)$$

如果因素的各水平对总体的影响显著,那么 MSA 相对较大,因而 F 也较大,此时就需要对于给定的显著性检验水平来判断 F 的临界值,大于临界值认为有系统误差(即各水平下均值有显著差异),反之,小于临界值认为没有系统误差,即各水平均值没有显著差异,此因素对总体没有影响. 如图 8-2 所示.

综上所述,单因素方差分析的基本步骤:

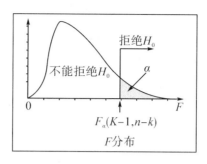

图 8 - 2　单因素方差分析拒绝域的示意图

（1）提出假设

$H_0 : u_1 = u_2 = \cdots = u_k , H_1 : u_1 , u_2 , \cdots , u_k$ 不全等　　　　　　　（8 - 9）

（2）不全等　　　　　　　　　　　　　　　　　　　　　　　　　　（8 - 10）

检验 p 值大于 α 时，我们才能做方差分析

（3）构造 F 检验统计量

$$F = \frac{MSA}{MSE} \sim F(k - 1 , n - k)$$

（4）检验 p 值与显著性水平 α 进行比较并作决策

检验 p 值 $> \alpha$ ，接受原假设，认为各水平均值相同；

检验 p 值 $< \alpha$ ，拒绝原假设，认为各水平均值不同.

回到本节例题 1，通过软件操作得到结果如表 8 - 7，8 - 8 所示：

表 8 - 7　　　　　　　　**方差齐性检验结果输出表**

Test of Homogeneity of Variances

sales

Levene Statistic	df1	df2	sig.
.282	3	16	.838

表 8 - 8　　　　　　　　单因素方差分析结果输出表

ANOVA

sates

	Sum of Squares	df	Mean Square	F	Sig.
Between Groups	76. 846	3	25. 615	10. 486	. 000
Within Groups	39. 084	16	2. 443		
Total	115. 930	19			

表 8 - 7 为方差齐性检验结果表，由表 8 - 7 可知，4 个颜色下饮料的销售量总体方差相同；表 8 - 8 为方差分析结果表，由表 8 - 8 可知，4 个颜色下饮料的销售量均值

有显著差异. 这里还需说明, 表 8 – 8 中第一列数据分别为 SSA、SSE 和 SST 的取值, 第二列数据分别为对应的自由度, 第三列数据分别为 MSA 和 MSE, 第四列数据为 F 检验统计量取值, 第五列为检验统计量的 p 值.

接下来, 根据刚才的分析结果, 我们知道不同颜色对饮料的销售量是有影响的, 现在我们想要寻找出到底哪些颜色之间有显著差异, 哪些颜色之间没有显著差异, 这就需要进行多重比较.

多重比较方法有十几种, 费雪 ($Fisher$) 提出的最小显著差异方法 ($Least$ $Significant$ $Difference$, 简写为 LSD) 使用最多, 该方法可用于判断到底哪些均值之间有差异. LSD 方法是对检验两个总体均值是否相等的 t 检验方法, 其 t 检验统计量取值为

$$t = \frac{\bar{x} - \bar{y}}{s_p\sqrt{\dfrac{1}{n_1} + \dfrac{1}{n_2}}} \qquad (8 - 11)$$

多重比较本质上就是两两比较的总体均值的 t 检验, 其基本步骤见 8.1, 这里需要注意的是, 若有 k 个水平, 则要做 $(k-1)!$ 个总体均值的比较, 即要做 $(k-1)!$ 个 t 检验.

就例 1, 我们通过做多重比较继续寻找到底哪些水平的均值之间有显著差异, 通过软件操作得到结果如表 8 – 9 所示, 可知无色和粉色之间、无色和绿色之间、粉色和橘黄色之间、橘黄色和绿色之间存在显著差异, 而无色和橘黄色之间无显著差异, 粉色和绿色之间无显著差异.

表 8 – 9   多重比较结果输出表

Multiple Comparisons

Dependent Variable: sales
LSD

(I) 饮料颜色	(J) 饮料颜色	Mean Difference (I-J)	Std. Error	Sig.	95% Confidence Interval Lower Bound	Upper Bound
无色	粉色	-2.240 00*	.988 48	.038	-4.335 5	-.144 5
	橘黄色	.880 00	.988 48	.387	-1.215 5	2.975 5
	绿色	-4.140 00*	.988 48	.001	-6.235 5	-2.044 5
粉色	无色	2.240 00*	.988 48	.038	.144 5	4.335 5
	橘黄色	3.120 00*	.988 48	.006	1.024 5	5.215 5
	绿色	-1.900 00	.988 48	.073	-3.995 5	.195 5
橘黄色	无色	-.880 00	.988 48	.387	-2.975 5	1.215 5
	粉色	-3.120 00*	.988 48	.006	-5.215 5	-1.024 5
	绿色	-5.020 00*	.988 48	.000	-7.115 5	-2.924 5
绿色	无色	4.140 00*	.988 48	.001	2.044 5	6.235 5
	粉色	1.900 00	.988 48	.073	-.195 5	3.995 5
	橘黄色	5.020 00*	.988 48	.000	2.924 5	7.115 5

*. The mean difference is significant at the 0.05 level.

第三节　双因素方差分析

在上一节理解了单因素方差分析的基本原理和基本步骤以后,我们可以构建单因素方差分析模型了:

$$y_{ij} = u + \alpha_i + \varepsilon_{ij} \tag{8-12}$$

其中 y_{ij} 为每一个观测数据, u 为所有观测数据的平均值, α_i 为第 i 种水平对总平均值的影响, ε_{ij} 表示 y_{ij} 这个观测值在第 i 个水平平均收入下的随机误差. 将方差分析过程以模型函数的形式进行解释后,方便我们进行扩展,扩展为多因素的方差分析.

举一个生活中大家可能都思考过的例子:我们去超市购物前,会有很多超市的选择,可以去大型连锁超市,也可以去小区楼下的便利店;当我们进入到超市以后,寻找需要购买的物品,我们可能首先会看与自己身高平齐的货架,然后再看头顶上方或下方的货架. 这些购物的选择和习惯可能都会影响商品的销售量. 当然,对于不同的商品,它的销售量受到超市大小和货架位置的影响程度也会不同,甚至没有影响. 人们对这个问题都会结合自己的生活经验做出主观判断,但是是否有影响以及影响程度如何还是需要用数据来说话的. 针对这个问题,如果用双因素方差分析模型来解释,可以表示为下面的函数模型:

$$y_{ijk} = u + \alpha_i + b_j + \alpha b_{ij} + \varepsilon_{ijk} \tag{8-13}$$

其中 y_{ijk} 表示某种商品的销售额, α_i 表示超市规模对该商品销售额的影响, b_j 表示货架位置对该商品销售额的影响, αb_{ij} 表示超市规模和货架位置交互作用后对该商品销售额的影响, ε_{ijk} 表示随机波动或随机误差造成的商品销售额变动.

通过这个模型,我们就可以将商品销售额的变化拆解为五部分. 通过对比五个部分引起的商品销售额变化的大小,从而判断每部分对商品销售额的影响程度是否显著. 下面我们用 SPSS 做该案例的双因素方差分析,帮助大家用双因素方差分析模型来理解分析结果.

例2　某省经销商经过努力终于拿到了某种商品在该省的经销权,接下来准备将这种商品铺入超市. 在正式大规模铺货前,经销商老板安排市场部做市场调研,研究超市规模和货架位置对该种商品销售额的影响,以此作为接下来铺货的行动参考. 数据如表 8-10 所示:

表 8 – 10

超市规模	货架位置	销售额
1	1	45.0
1	1	50.0
1	2	56.0
1	2	63.0
1	3	65.0
1	3	71.0
1	4	48.0
1	4	53.0
2	1	57.0
2	1	65.0
2	2	69.0
2	2	78.0
2	3	73.0
2	3	80.0
2	4	60.0
2	4	57.0

分析步骤

1. 选择菜单【分析】–【一般线性模型】–【单变量】,在跳出的对话框中做如下操作. 将年销售额选为因变量,将超市规模和货架层选为固定因子,如图 8 – 3 所示.

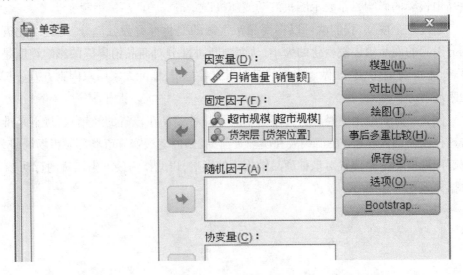

图 8 – 3　单变量对话框

2.【模型】和【对比】两个模块保持系统默认状态,也就是全模型,既包括主效应也包括交互效应. 点击【绘图】按钮,将"超市规模"选入水平轴,点击添加;将"货架位置"选入水平轴,点击添加;再将"超市规模"选入水平轴,"货架位置"选入单图,如图8-4所示,然后点击确认.

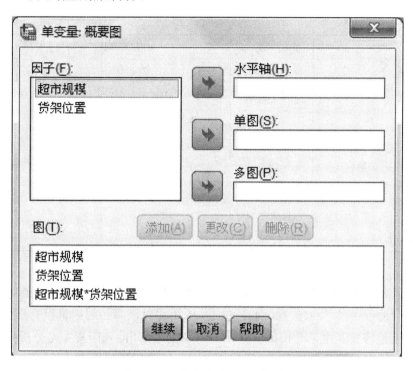

图8-4　单变量:概要图对话框

3. 点击【事后多重检验】,选择$S-N-K$如图8-5所示;点击继续;再点击确认,输出结果如表8-11所示.

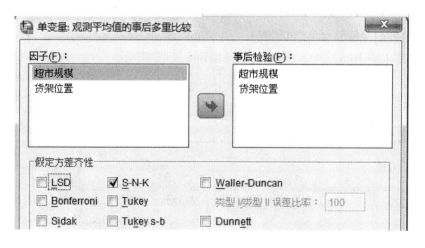

图8-5　单变量:观测平均值的事后多重比较对话框

表 8 - 11 及解释

1. 方差分析表

表 8 - 11　　　　　　　　　**双因素方差分析表**

因变量:周销售量

源	Ⅲ 型平方和	df	均方	F	Sig.
校正模型	3 019.333^a	11	274.485	12.767	.000
截距	108 272.667	1	108 272.667	5 035.938	.000
超市规模	1 828.083	2	914.042	42.514	.000
货架位置	1 102.333	3	367.444	17.090	.000
超市规模 * 货架位置	88.917	6	14.819	.689	.663
误差	258.000	12	21.500		
总计	111 550.000	24			
校正的总计	3277.333	23			

　　a. R 方 = .921(调整 *R* 方 = .849)

　　"修正的模型"是对方差分析模型的检验,其原假设为模型中所有的影响因素均无作用,即超市规模、货架位置、两者的交互作用均对该商品的销量没有影响. 结果显示,该检验的显著性等于 0.000,小于 0.05,因此所用的双因素方差分析模型有统计学意义,上面提到的超市规模、货架位置和交互作用中至少有一个对该商品的销售有影响. 截距在该模型中没有实际意义,因此这里不做考虑."超市规模"和"货架位置"的限制性等于 0.000,小于 0.05,因此这两项对商品销售是有作用的. 而超市规模和货架位置交互项的显著性等于 0.663,大于 0.05,因此该项对商品销售没有显著性影响.

2. 事后两两检验(即多重比较)

这里我们使用 *S - N - K* 方法,结果如表 8 - 12 所示.

表 8 - 12　　　　　　　　*S - N - K* **多重比较法输出结果表**

周销售量

Student - Newman - Keuls^{a,b}

超市规模	N	子集		
		1	2	3
小型	8	56.375		
中型	8		67.375	
大型	8			77.750
Sig.		1.000	1.000	1.000

周销售量

Student - Newman - Keuls[a,b]　　　　　　　　　　　表 8 - 12(续)

货架层	N	子集		
		1	2	3
第四层	6	60.667		
第一层	6	60.833		
第二层	6		70.500	
第三层	6			76.667
Sig.		.951	1.000	1.000

　　$S - N - K$结果显示:超市规模越大,该商品的销售额就越大;而4种货架位置也对该商品的销售额有影响,其中第三层位置的销售额最大、其次为第二层位置,第一层和第四层位置的销售额最小. 以上结果是相互独立的,两者之间无交互作用.

　　3. 边际平均值轮廓图:

　　轮廓图8 - 6的每一个点表示一个平均值,从图上可以清楚知道超市规模和货架位置的不同类别对商品销售量的影响程度变化. 最后一幅图是囊括两个分类变量的轮廓图,如果两个分类变量有交互作用,在该图中会出现线段交叉的线性,如果没有交互作用,则线段基本平行. 因此从该图也能看出货架位置和超市规模交互作用以后对该商品销售量没有影响.

周销售量的估算边际均值

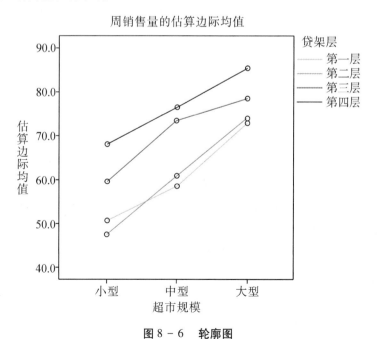

图8 - 6　轮廓图

　　4. 残差图

　　如果模型拟合效果很好,那么预测值和实测值应当有明显的相关,会呈现出较好的直线趋势,而标准化残差则应当完全随机地在零上下分布,不会随预测值的上升而出现变动趋势.如图8-7所示,观察值和预测值的交叉图中,散点的分布呈现为直线,而观察值、平均数残差以及预测值:平均数参数则表现为随意分布,因此该模型的拟合效果很好.

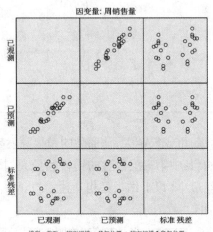

图8-7　残差图

综上可得,超市规模和货架位置都会对该商品的销售量有显著性影响,而它们之间交互后则对该商品销售量没有影响.通过事后检验可以知道,超市规模越大,该商品卖得越好;与人体身高基本相当的第三层货架卖得最好,而离人们视线最远的第一和第四层销量最差.综上所述,经销公司在大规模铺货时应该尽量选择大超市和离人们视线最近的货架.

第四节　多因素方差分析

下面介绍多因素方差分析.单因素方差分析和多因素方差分析都是针对一个因变量的方差分析方法,单因素方差分析是通过分析单个因素(自变量)的不同水平对应因变量的数据变化来判断该因素是否对因变量有影响;多因素方差分析则包含两个以上的因素(自变量),不仅需要考虑每个因素单独对因变量的影响,还需要考虑因素之间交互作用以后对因变量的影响.下面两个表格8-13、8-14是单因素方差分析和双因素方差分析的数据整理表格.

表 8 – 13　　　　　　　　　　　单因素方差分析数据结构表

单因素方差分析

因素A ＼ 实验	1	2	3	4	5
A₁水平					
A₂水平		因变量数据			
A₃水平					
A₄水平					

表 8 – 14　　　　　　　　　　　双因素方差分析数据结构表

双因素方差分析

因素A ＼ 因素B	B₁水平	B₂水平	B₃水平	B₄水平	B₅水平
A₁水平					
A₂水平		因变量数据			
A₃水平					
A₄水平					

一、多因素方差分析原理

我们以双因素方差分析为例,介绍多因素方差分析原理. 假设因变量可能受两个因素(自变量)A 和 B 的影响,其中因素 A 有 p 个水平,因素 B 有 q 个水平,则两个因素的交叉将因变量数据分成了 $P \times Q$ 个水平,如表 8 – 14 所示.

分析 A 和 B 两个因素对于因变量的影响,仍然是从因变量的样本方差开始,样本的总方差 SST 可以分解为:

$$SST = SSA + SSB + SSAB + SSE \qquad (8 - 14)$$

SSA 代表因素 A 引起的因变量数据变化的方差;SSB 代表因素 B 引起的方差;$SSAB$ 表示因素 A 和因素 B 交互作用引起的方差;SSE 代表随机误差. 假如因素 A 的水平发生变化,比如从水平 2 变化到水平 2,无论因素 B 取那个水平,因变量观测值都要同时增加或同时减小,表示因素 A 的变化就可以决定观测值的变化,此时称 A 和 B 没有交互作用;如果因素 A 从水平 1 变化到水平 2,因变量观测值在 B 的不同水平上变化方向不同,在有些水平上增加,有些水平上减小,也就是需要 A 和 B 交叉的水平才能确定因变量的变化,此时称因素 A 和 B 存在交互作用.

二、分析步骤

(1)提出成对假设;原假设为各因素的各个水平下,因变量的均值没有显著性差异;备择假设是各因素的各个水平下,因变量的均值不完全相同.

(2)构造 F 统计量.

$$F_A = \frac{SSA/(p - 1)}{SSE/(n - pq)} = \frac{MSA}{MSE} \qquad (8 - 15)$$

$$F_B = \frac{SSB/(q-1)}{SSE/(n-pq)} = \frac{MSB}{MSE} \qquad (8-16)$$

$$F_{AB} = \frac{SSAB/(p-1)(q-1)}{SSE/(n-pq)} = \frac{MSAB}{MSE} \qquad (8-17)$$

(3) 计算 F 值及 P 值,做出判断;SPSS 会自动计算各统计量观测值和对应的概率 p 值,并以表格方式输出. 根据 P 值,进行统计检验. 如果 P 值大于显著水平,则不能拒绝原假设,认为在因素水平上没有显著差异;如果 P 值小于显著水平,则拒绝原假设,认为有显著差异.

三、案例分析

例1 2016 年的考研人数创造了历史新高,其中一个重要原因是人们普遍认为学历与薪资收入成正比. 现有一份社会调查数据,数据如表 8-15 所示,采集了 470 名公司员工的学历、工资和工作年限等 7 项信息. 用多因素方差分析方法分析性别和学历对他们的薪资是否有显著影响.

表 8-15 多因素方差分析数据结构表

解 分析步骤

1. 选择【分析】-【一般线性模型】-【单变量】,如图 8-8 所示,在跳出对话框中将工资选入因变量框,将学历和性别选入固定因子框.

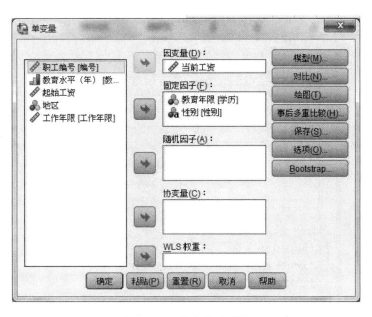

图 8 – 8   单变量对话框

2. 概要图设置;点击绘图按钮,将学历选为水平轴,性别选入单图,点击添加,如图 8 – 9 所示.

图 8 – 9   单变量:概要图

3. 点击【选项】按钮,按图 8 – 10 所示操作,其他保持系统默认设置,点击输出结果.

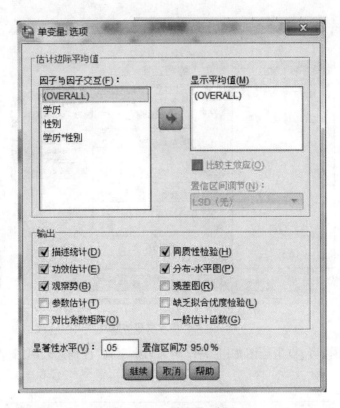

图 8 - 10 单变量:选项

结果分析:

1. 主体间因子列表

表 8 - 16   **主体因子列表**

主体间因子

		值标签	N
教育年限	1	高中及以下	243
	2	大学	181
	3	研究生	50
性别	1	女	227
	2	男	247

表 8 - 16 显示共有教育年限和性别两个因子,分别包含三个水平和两个水平,数字表示因子各水平对应的样本个案数.

2. 方差齐性检验结果

表 8 - 17 显示显著性 p 等于 0. 000,小于 0. 05,说明方差齐性检验未通过,因此事后多重比较表也不具有参考价值.

表 8 - 17   **方差齐性检验结果表**

误差方差等同性的 *Levene* 检验[a]

因变量:当前工资

F	$df1$	$df2$	$Sig.$
22. 792	5	468	. 000

3. 主体间效应检验表

表 8 - 18 所示修正的模型对应的 p 值为 0. 000,小于 0. 05,说明学历和性别两个因素中至少有一个对当前工资的影响是显著的;学历的主效应 F 值为 226. 372,$P =$ 0. 000,达到非常显著的水平,说明学历对当前工资影响很大;性别对应的 P 值为 0. 022,小于 0. 05,说明性别对当前工资的影响也是显著的;学历和性别的交互效应 P 值为 0. 111,大于显著水平 0. 05,说明学历和性别交互作用后对当前工资的影响不显著.

表 8 - 18   **主体间效应的检验**

因变量:当前工资

源	Ⅲ 型平方和	df	均方	F	$Sig.$	偏 Eta 方	非中心 参数	观测到的幂[b]
校正模型	497483159993. 623[a]	5	99496631998. 725	127. 751	. 000	. 577	638. 753	1. 000
截距	2781031421735. 353	1	2781031421735. 353	3570. 757	. 000	. 884	3570. 757	1. 000
学历	352613047188. 115	2	176306523594. 058	226. 372	. 000	. 492	452. 744	1. 000
性别	4107036315. 037	1	4107036315. 037	5. 273	. 022	. 011	5. 273	. 630
学历 * 性别	3437277445. 108	2	1718638722. 554	2. 207	. 111	. 009	4. 413	. 450
误差	364494936483. 499	468	778835334. 366					
总计	4371671480781. 250	474						
校正的总计	861978096477. 122	473						

a. R 方 = .577(调整 *R* 方 = .573)

b. 使用 *alpha* 的计算结果 = .05

4. 概要图

由图 8 - 11 可知,当前工资的均值在男女性别的两个水平上都随着教育年限的增加呈上升趋势. 两条线有交叉,说明教育年限和性别有交互效应,但是从主体间效应检验表可知,交互效应没有达到显著性程度.

综合结论:数据分析结果显示学历对工资收入有显著性影响,这也证明考研人数屡创新高有其合理性. 性别对收入也有显著影响,只是影响程度不及学历因素,说明社会发展到现在,职场对女性的歧视正在逐步降低,但是并未完全消失,仍需社会各方的努力. 性别与学历交互后对工资收入没有显著影响,说明两者之间不存在明显的交互作用.

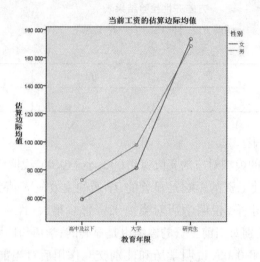

图 8 – 11 概要图

习题八

1. 某次方差分析所得到的一张不完全的方差分析表如下,据此回答下列问题:

投诉次数

Levene Statistic	df1	df2	Sig.
.212	3	19	.887

ANOVA

投诉次数

	Sum of Squares	df	Mean Square	F	Sig.
Between Groups	1456.99	B	485.66	D	.041
Within Groups	A	C	144.68		
Total	4205.83	22			

Multiple Comparisons

Dependent Variable: 投诉次数
LSD

(I) 行业	(J) 行业	Mean Difference (I-J)	Std. Error	Sig.	95% Confidence Interval	
					Lower Bound	Upper Bound
1	2	.833	6.692	.902	-13.17	14.84
	3	14.000	7.043	.061	-.74	28.74
	4	-10.000	7.043	.172	-24.74	4.74
2	1	-.833	6.692	.902	-14.84	13.17
	3	13.167	7.283	.087	-2.08	28.41
	4	-10.833	7.283	.153	-26.08	4.41
3	1	-14.000	7.043	.061	-28.74	.74
	2	-13.167	7.283	.087	-28.41	2.08
	4	-24.000	7.607	.005	-39.92	-8.08
4	1	10.000	7.043	.172	-4.74	24.74
	2	10.833	7.283	.153	-4.41	26.08
	3	24.000	7.607	.005	8.08	39.92

*. The mean difference is significant at the 0.05 level.

（1）求 A, B, C, D 的值；

（2）说明此方差分析的原假设和备择假设；

（3）是否满足方差齐性的要求；

（4）在显著水平为 $\alpha = 0.05$ 时，说明方差分析的结果是什么；

（5）找出具体哪些行业之间的服务质量存在显著性差异.

2. 一家牛奶公司有 4 台机器装填牛奶，每桶的容量为 4L. 下面是从 4 台机器中抽取的样本数据：

机器 l	机器 2	机器 3	机器 4
4.05	3.99	3.97	4.00
4.01	4.02	3.98	4.02
4.02	4.01	3.97	3.99
4.04	3.99	3.95	4.0l
4.00	4.00		
4.00			

取显著性水平 $a = 0.01$，检验 4 台机器的装填量是否相同？

3. 有 5 种不同品种的种子和 4 种不同的施肥方案，在 20 块同样面积的土地上，分别采用 5 种种子和 4 种施肥方案搭配进行试验，取得的收获量数据如下表：

品种	施肥方案			
	1	2	3	4
1	12.0	9.5	10.4	9.7

表(续)

品种	施肥方案			
	1	2	3	4
2	13.7	11.5	12.4	9.6
3	14.3	12.3	11.4	11.1
4	14.2	14.0	12.5	12.0
5	13.0	14.0	13.1	11.4

　　检验种子的不同品种对收获量的影响是否有显著差异？不同的施肥方案对收获量的影响是否有显著差异($a = 0.05$)？

　　4. 一家超市连锁店准备进行一项研究,想要确定超市所在的位置和竞争者的数量对销售额是否有显著影响. 下面是获得的月销售额数据(单位:万元).

超市位置	竞争者数量			
	0	1	2	3 个以上
位于市内居民小区	41	38	59	47
	30	31	48	40
	45	39	51	39
位于写字楼	25	29	44	43
	31	35	48	42
	22	30	50	53
位于郊区	18	72	29	24
	29	17	28	27
	33	25	26	32

取显著性水平 $a = 0.01$,检验:

(1)竞争者的数量对销售额是否有显著影响?

(2)超市的位置对销售额是否有显著影响?

(3)竞争者的数量和超市的位置对销售额是否有交互影响?

第九章 相关分析

引言：大家熟知的"蝴蝶效应"说的是：一只南美洲亚马孙河边热带雨林中的蝴蝶，偶尔扇几下翅膀，就有可能在两周后引起美国得克萨斯的一场龙卷风．因为蝴蝶翅膀的运动，导致其身边的空气系统发生变化，并引起微弱气流的产生，而微弱气流的产生又会引起它四周空气或其他系统产生相应变化，由此引起连锁反应，最终导致其他系统的极大变化．"蝴蝶效应"听起来有点荒诞，但说明了事物发展的结果，对初始条件具有极为敏感的依赖性；初始条件的极小偏差，将会引起结果的极大差异．

而对于蝴蝶效应发展到当下，在不同的环境中其意义也不同了：

"蝴蝶效应"在社会学界用来说明：一个坏的微小的机制，如果不加以及时地引导、调节，会给社会带来非常大的危害，我们戏称为"龙卷风"或"风暴"；一个好的微小的机制，只要正确指引，经过一段时间的努力，将会产生轰动效应，我们将其称为"革命"．

在经济学中，"蝴蝶效应"是指经济中作为投入的经济自变量的微小变化可以导致经济因变量的巨大变化．在外汇交易市场中就有这种蝴蝶效应．蝴蝶效应的后果是政策制定者很难掌握他们的决策会造成什么样的后果．

"蝴蝶效应"也是学习型组织理论的重要内容，是现代管理中的重要理念，它告诫企业在发展过程中一定要注意防微杜渐，以避免因管理瑕疵问题不断发展而导致重大的事故．

本章我们介绍相关分析的基本方法，希望能够帮助解决实际生活中的若干问题．

第一节 相关分析概述

一、相关分析的一般问题

我们现在来看看在经济学中，作为投入的经济自变量的微小变化可以导致经济因变量的巨大变化，说明了一个经济变量对另一个经济变量的影响．一提到变量，就是我们熟知的函数里面的自变量和因变量，它们所确定的一个确定性的函数关系．而在实际生活中，两个变量之间还有很多其他的关系，那么现在我们来看一下现实生活中两个变量之间的关系到底有哪些．

第一种，一个变量的变化能由另一个变量完全确定，这种关系称为确定性的函数关系. 例如,银行的一年期存款利率为 2. 55%,存入的本金用 x 表示,到期的本息用 y 表示,则 $y = x + 2.55\% x$. 再如圆的面积与半径之间、某保险公司汽车承保总收入与每辆车的保费收入之间,等等. 通过画散点图可以看到确定性的函数关系,各对应点完全落在一条直线或者曲线上.

另外一种,两事物之间有着密切的联系,但它们密切的程度并没有到一个可以完全确定另外一个,这种关系我们称为不确定性的相关关系. 例如,储蓄额与居民的收入密切相关,但是由居民收入并不能完全确定储蓄额. 因为影响储蓄额的因素很多,如通货膨胀、股票价格指数、利率、消费观念、投资意识等. 因此尽管储蓄额与居民收入有密切的关系,但它们之间并不存在一种确定性关系. 再如广告费支出与商品销售额、保险利润与保费收入、工业产值与用电量,等等. 通过画散点图可以看到非确定性的相关关系,各对应点散落在一条直线或者曲线附近.

关于这种非确定性的相关关系,我们常用的分析方法主要有两大类:相关分析和回归分析. 这两种分析方法通常相互结合和渗透,但它们研究的侧重点和应用面却不同. 它们的差别主要有以下几点:一是在回归分析中,y 称为因变量,处于被解释的特殊地位,而在相关分析中,y 与 x 处于平等的地位,即研究 y 与 x 的密切程度和研究 x 与 y 的密切程度是一回事;二是相关分析中所涉及的变量 y 与 x 全是随机变量,而回归分析中,y 是随机变量,x 可以是随机变量,也可以是非随机的确定变量;三是相关分析的研究主要是为刻画两类变量间线性相关的密切程度,而回归分析不仅可以揭示变量 x 对变量 y 的影响大小,还可以得到 y 和 x 之间关系的表达式,从而进行预测和控制.

相关分析主要从如下三个方面去分析:

(1) 通过绘制散点图直观判定变量之间是否可能存在相关关系以及存在什么样的相关关系;

(2) 用样本相关系数具体刻画变量之间的相关关系强度;

(3) 样本相关系数仅仅说明通过抽样得到的变量数据所具有的相关关系强度,针对总体是否具有相同的相关关系则需要进行显著性检验.

① $H_0 : \rho = 0 ; H_1 : \rho \neq 0$　　　　　　　　　　　　　　　　　　　　(9 - 1)

② 构造检验统计量为 t 检验统计量(由于不同的分析内容要求的 t 不一样,所以在此就不做更多的说明)

③ 作决策,检验 P 值大于显著性水平 a,接受原假设,认为两变量没有相关关系;检验 P 值小于显著性水平 a,拒绝原假设,认为两变量总体之间存在相关关系.

二、相关分析的种类

常用的相关性分析包括:皮尔逊(*Pearson*) 相关、斯皮尔曼(*Spearman*) 相关、肯德尔(*Kendall*) 相关和偏相关. 下面介绍前三种相关分析技术,并用实际案例说明如何用 SPSS 使用这三种相关性分析技术. 三种相关性检验技术,皮尔逊相关性的精确度最高,但对原始数据的要求最高. 斯皮尔曼等级相关和肯德尔一致性相关的使用范围更广,但精确度较差.

1. 皮尔逊相关

皮尔逊相关是利用相关系数来判定数据之间的线性相关性,相关系数 r 的公式如下:

$$r = \frac{\delta_{xy}^2}{\delta_x \delta_y} = \frac{\sum [(x_i - \bar{x})(y_i - \bar{y})]}{\sqrt{\sum (x_i - \bar{x})^2 \cdot \sum (y_i - \bar{y})^2}} \qquad (9-2)$$

其中 δ_{xy}^2 是两个数据序列 X 和 Y 的协方差,度量两个随机变量协同变化程度的方差.

数据要求:

(1) 正态分布的定距变量;

(2) 两个数据序列的数据要一一对应,等间距等比例. 数据序列通常来自对同一组样本的多次测量或不同视角的测量.

结论分析:

在皮尔逊相关性分析中,能够得到两个数值:相关系数(r)和检验概率($Sig.$). 对于相关系数 r,有以下判定惯例:当 r 的绝对值大于 0.6,表示高度相关;在 0.4 到 0.6 之间,表示相关;小于 0.4,表示不相关. r 大于 0,表示正相关;r 小于 0,表示负相关. 虽然相关系数能够判别数据的相关性,但是还是要结合检验概率和实际情况进行判定,当检验概率小于 0.05 时,表示两列数据之间存在相关性.

2. 斯皮尔曼相关

当定距数据不满足正态分布,不能使用皮尔逊相关分析,这时,可以在相关分析中引入秩分,借助秩分实现相关性检验,即先分别计算两个序列的秩分,然后以秩分值代替原始数据,代入到皮尔逊相关系数公式中,得到斯皮尔曼相关系数公式:

$$r = 1 - 6 \sum \frac{(x_i - y_i)^2}{n^2 - n} = 1 - \frac{6 \sum (x_i - y_i)^2}{n^2 - n} \qquad (9-3)$$

数据要求:

(1) 不明分布类型的定距数据;

(2) 两个数据序列的数据一一对应,等间距等比例. 数据序列通常来自对同一组样本的多次测量或不同视角的测量.

结论分析:

在斯皮尔曼相关性分析中,也能够得到相关系数(r)和检验概率($Sig.$),当检验概率小于 0.05 时,表示两列数据之间存在相关性.

3. 肯德尔相关

当既不满足正态分布,也不是等间距的定距数据,而是不明分布的定序数据时,不能使用皮尔逊相关和斯皮尔曼相关. 此时,在相关分析中引入"一致对"的概念,借

助"一致对"在"总对数"中的比例分析其相关性水平. 肯德尔相关系数计算公式如下:

$$r = \frac{N_c - N_d}{n(n-1)/2} = \frac{2(N_c - N_d)}{n(n-1)} \tag{9-4}$$

肯德尔相关实质上是基于查看序列中有多少个顺序一致的对子的这个思路来判断数据的相关性水平. 在肯德尔相关性检验中,其核心思想是检验两个序列的秩分是否一致增减. 因此,统计两序列中的"一致对"和"非一致对"的数量就非常重要. 下面举例说明肯德尔相关系数的计算过程:

假设有两个数据序列 A 和 B 的秩分序列分别是 $\{2,4,3,5,1\}$,$\{3,4,1,5,2\}$,即相对应的秩对为 $(2,3)(4,4)(3,1)(5,5)(1,2)$. 在按照 A 的秩分排序后,得到新的秩对 $(1,2)(2,3)(3,1)(4,4)(5,5)$,此时 B 的秩分序列变成了 $\{2,3,1,4,5\}$. 在这种情况下,针对第一个 B 值 2,后面有 3,4,5 比它大,有 1 比它小,所以一致对为 3,非一致对为 1;第二个数字 3,有 4,5 比它大,有 1 比它小,所以一致对为 2,非一致对为 1;依次类推,总共有 8 个一致对,2 个非一致对. 即 $Nc = 8$,$Nd = 2$.

数据要求:

(1) 适用于不明分布的定序数据;

(2) 皮尔逊相关适用于正态分布定距数据;斯皮尔曼相关适用于不明分布定距数据;肯德尔相关适用于不明分布定序数据.

结论分析:

在肯德尔相关性分析中,能够得到两个数值:相关系数 (r) 和检验概率 $(Sig.)$,当检验概率小于 0.05 时,表示两列数据之间存在相关性.

三、案例分析

例 1 现在有一份《学生成绩数据》,如表 9 - 1 所示. 请分析其中的语文、数学、英语、历史、地理成绩之间的相关性.

表 9 - 1 学生成绩数据表

学号	姓名	性别	专业	zy	籍贯	jg	爱好	ah	语文	数学	英语	历史	地理	政治
201601	纪海燕	女	生物工程	1	广东	1	科学	1	94.0	84.0	82.0	71.0	63.0	70.0
201602	李军	男	计算机	2	江西	2	文学	2	80.0	94.0	81.0	75.0	64.0	69.0
201603	明汉琴	女	应用化学	3	湖南	3	艺术	3	75.0	93.0	87.0	67.0	65.0	56.0
201604	沈亚杰	男	文学	4	浙江	4	科学	1	84.0	86.0	88.0	76.0	60.0	56.0
201605	时扬	男	经济学	5	山西	5	文学	2	85.0	89.0	78.0	74.0	66.0	65.0
201606	汤丽丽	女	英语	6	陕西	6	艺术	3	88.0	87.0	84.0	69.0	69.0	68.0
201607	王丹	女	生物工程	1	广东	1	科学	1	81.0	85.0	87.0	74.0	70.0	59.0
201608	吴凤祥	男	计算机	2	江西	2	文学	2	79.0	77.0	86.0	72.0	63.0	60.0
201609	尚丽丽	女	应用化学	3	湖南	3	艺术	3	88.0	84.0	80.0	77.0	58.0	69.0
201610	徐丽云	女	文学	4	浙江	4	科学	1	81.0	78.0	78.0	77.0	70.0	64.0
201611	颜刚	男	经济学	5	山西	5	文学	2	84.0	88.0	87.0	80.0	72.0	56.0

分析:观察图中数据可知,需要分析的数据都是定距数据,而且它们来自同一组

样本(同一批学生)的多次多视角测试(不同学科考试),可以使用皮尔逊相关分析和斯皮尔曼相关分析.先对原始数据进行正态分布检验,对于满足正态分布检验的变量使用皮尔逊相关性分析,不满足正态分布检验的变量则使用斯皮尔曼等级相关检验.

解

(1)利用【分析】-【非参数检验】-【旧对话框】-【1样本$K-S$】命令对语文、数学、英语、历史和地理成绩进行正态分布检验.

(2)利用【分析】-【相关】-【双变量】命令,在相关系数中选择【$Pearson$】,对语文、数学、英语和地理成绩进行皮尔逊相关性检验.

(3)利用【分析】-【相关】-【双变量】命令,在相关系数中选择【$Spearman$】,对历史、语文、数学、英语和地理成绩进行斯皮尔曼相关性检验.

结果解读:

(1)正态性检验结果

由表9-2可知除历史以外,其他数据变量的检验概率都大于0.05,都符合正态分布.

表9-2　　　　　　　　　　单一样本 K-S 检验结果表

		语文	数学	英语	历史	地理
N		60	60	60	60	60
正态参数[a,b]	均值	80.533	85.533	84.300	75.317	65.150
	标准差	4.5565	4.2724	4.7810	4.8590	4.7078
最极端差别	绝对值	.085	.110	.100	.123	.081
	正	.074	.099	.100	.123	.081
	负	-.085	-.110	-.081	-.066	-.065
$Kolmogorov - Smirnov\ Z$		.658	.851	.771	.956	.624
渐近显著性(双侧)		.780	.464	.592	.320	.832

*a.*检验分布为正态分布。

*b.*根据数据计算得到。

(2)如表9-3所示,语文、数学、英语和地理成绩之间的所有检验概率都大于0.05,说明它们之间都不存在相关性;同时,皮尔逊相关系数都小于0.4,也证明了它们之间没有相关性.

表 9 - 3   皮尔逊相关分析表

		语文	数学	英语	地理
语文	Pearson 相关性	1	.009	.164	.192
	显著性(双侧)		.948	.209	.141
	N	60	60	60	60
数学	Pearson 相关性	.009	1	-.171	.014
	显著性(双侧)	.948		.192	.918
	N	60	60	60	60
英语	Pearson 相关性	.164	-.171	1	.092
	显著性(双侧)	.209	.192		.484
	N	60	60	60	60
地理	Pearson 相关性	.192	.014	.092	1
	显著性(双侧)	.141	.918	.484	
	N	60	60	60	60

3. 在斯皮尔曼相关分析中,历史、语文、数学、英语和地理之间的检验概率除了地理和语文之间小于 0.05 以外,其它都大于 0.05. 但这不能说明地理与语文成绩之间存在相关性. 观察它们的相关系数为 0.263,这说明它们之间也不存在相关性. 在确定变量之间相关性时,应该结合检验概率与相关系数进行分析. 不能只看其中一个数值就确定变量之间的相关性.

表 9 - 4   斯皮尔曼相关分析表

		语文	数学	英语	地理	历史
语文	Pearson 相关性	1	.009	.164	.192	-.109
	显著性(双侧)		.948	.209	.141	.408
	N	60	60	60	60	60
数学	Pearson 相关性	.009	1	-.171	.014	.038
	显著性(双侧)	.948		.192	.918	.772
	N	60	60	60	60	60
英语	Pearson 相关性	.164	-.171	1	.092	.013
	显著性(双侧)	.209	.192		.484	.919
	N	60	60	60	60	60
地理	Pearson 相关性	.192	.014	.092	1	-.115
	显著性(双侧)	.141	.918	.484		.380
	N	60	60	60	60	60

表(续)

		语文	数学	英语	地理	历史
历史	*Pearson* 相关性	−.109	.038	.013	−.115	1
	显著性(双侧)	.408	.772	.919	.380	
	N	60	60	60	60	60

第二节　偏相关分析

相关分析是研究两个变量共同变化的密切程度,但有时出现相关的两个变量又同时与另外的一个变量相关,在这三个变量中,有可能只是由于某个变量充当了相关性的中介作用,而另外的两个变量并不存在实质性的相关关系. 这种情形导致数据分析中出现"伪相关"现象,造成伪相关现象的变量被称为"桥梁变量".

例如,在研究大学生上网时间,游戏时间、完成作业情况、考试成绩的相关性时,往往发现上网时间与作业情况、考试成绩呈现不明显的负相关性,同时上网时间又和游戏时间呈现高度正相关性,游戏时间与作业情况、考试成绩也呈现为负相关性.那么,上网时间与作业情况、考试成绩之间的微弱负相关性是真的吗?

一、偏相关分析

在数据的相关性分析中,为了摒弃桥梁变量的影响力,发现变量内部隐藏的真正相关性,人们引入了偏相关分析的概念. 偏相关分析是在剔除控制变量的影响下,分析指定变量之间是否存在显著的相关性.

在验证了数据内部存在相关性后,如果怀疑可能存在桥梁变量,则可以把桥梁变量作为控制变量,重新进行相关性分析,检查在排除了桥梁变量的影响力之后,其他变量之间是否还存在关联性. 如果开始有相关关系,剔除了控制变量之后,相关关系不存在了,说明控制变量为桥梁变量.

二、案例分析

现在采集到 60 条学生数据,分析上网时间、游戏时间、作业情况和数学成绩之间的相关性,并探索本案例中是否存在桥梁变量. 数据如表 9 - 5 所示:

表 9 - 5

学号	姓名	性别	专业	zy	籍贯	爱好	ah	上网时间	游戏时间	作业情况	数学成绩
201601	纪海燕	女	生物工程	1	广东	科学	1	41	28.70	8	87.00
201602	李军	男	计算机	2	江西	文学	2	69	48.30	4	65.00
201603	明汉琴	女	应用化学	3	湖南	艺术	3	85	59.50	2	59.00
201604	沈亚杰	男	文学	4	浙江	科学	1	84	58.80	4	61.00
201605	时扬	男	经济学	5	山西	文学	2	57	39.90	4	70.00
201606	汤丽丽	女	英语	6	陕西	艺术	3	31	21.70	8	94.00
201607	王丹	女	生物工程	1	广东	科学	1	95	66.50	2	52.00
201608	吴凤祥	男	计算机	2	江西	文学	2	89	62.30	2	57.00
201609	尚丽丽	女	应用化学	3	湖南	艺术	3	53	37.10	6	76.00
201610	徐丽云	女	文学	4	浙江	科学	1	71	49.70	4	63.00
201611	颜刚	男	经济学	5	山西	文学	2	48	33.60	6	78.00

SPSS 分析步骤

(1) 选择菜单【分析】-【相关】-【双变量】命令,启动四个变量的相关性分析,操作如图 9 - 1 所示,将上网时间、游戏时间、作业情况和数学成绩选入变量区域内,进行分析.

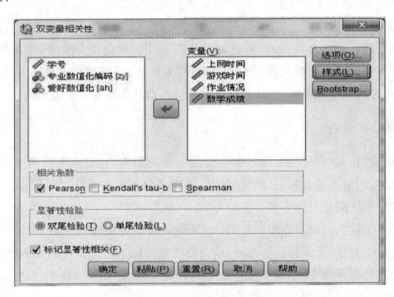

图 9 - 1 双变量相关性

(2) 分析者根据实际情况,怀疑游戏时间是桥梁变量,因为游戏时间的存在,导致另外三个变量之间存在着高度相关性. 因此以游戏时间作为控制变量,进行偏相关分析. 选择菜单【分析】-【相关】-【偏相关】命令,启动偏相关分析,将上网时间、作业情况和数学成绩选为变量,将游戏时间选为控制变量,如图 9 - 2 所示:

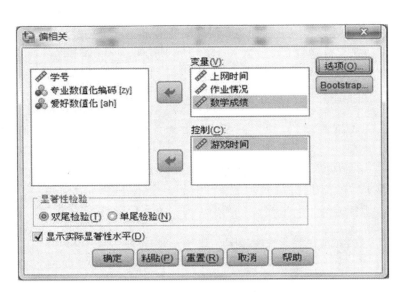

图 9 - 2　偏相关

从表 9 - 6 可知,上网时间与游戏时间是正相关的(相关系数为 1,概率为 0.000);与作业情况和数学成绩是负相关的(相关系数为 - 0.957 和 - 0.986,检验概率都为 0),表示这四个变量之间都存在着显著相关性.

表 9 - 6　　　　　　　　　　双变量相关分析输出结果表

		上网时间	游戏时间	作业情况	数学成绩
上网时间	Pearson 相关性	1	1.000**	-.957**	-.986**
	显著性(双侧)		.000	.000	.000
	N	60	60	60	60
游戏时间	Pearson 相关性	1.000**	1	-.957**	-.986**
	显著性(双侧)	.000		.000	.000
	N	60	60	60	60
作业情况	Pearson 相关性	-.957**	-.957**	1	.959**
	显著性(双侧)	.000	.000		.000
	N	60	60	60	60
数学成绩	Pearson 相关性	-.986**	-.986**	.959**	1
	显著性(双侧)	.000	.000	.000	
	N	60	60	60	60

* *.在 .01 水平(双侧)上显著相关。

从表 9 - 7 可知,当剔除游戏时间以后,上网时间与作业情况和数学成绩之间的相关系数都为 0,显著性为 1,大于 0.05,说明它们之间不存在相关性.

表 9 − 7　　　　　　　　　　　　偏相关分析输出结果表

控制变量			上网时间	作业情况	数学成绩
游戏时间	上网时间	相关性	1.000	.000	.000
		显著性(双侧)	.	1.000	1.000
		df	0	57	57
	作业情况	相关性	.000	1.000	.307
		显著性(双侧)	1.000	.	.018
		df	57	0	57
	数学成绩	相关性	.000	.307	1.000
		显著性(双侧)	1.000	.018	.
		df	57	57	0

在本案例中,直接分析四个变量的相关性水平发现,上网时间与作业情况、数学成绩之间存在显著相关.然而,偏相关检验的结论说明,上网时间与作业情况,数学成绩的显著相关是由游戏时间引起的,游戏时间在上网时间、作业情况和数学成绩之间起到桥梁作用,它确实是一个桥梁变量.

第三节　　距离相关分析

前面介绍了相关分析的两个内容:两变量相关和偏相关,它们都是基于相关系数对变量进行相关性的判断,而且最后的结论一般都是两个变量之间是否存在相关性.除此之外,SPSS还提供了一种针对更加复杂变量情况的相关性分析方法:距离相关分析.

一、距离相关分析

现实生活中,事物之间的关系往往错综复杂,涉及的变量很多,且它们代表的信息也非常繁杂,我们通过观察无法厘清这些变量及其观测值之间的内在关系,为了判别错综复杂的变量及其观测值之间是否具有相似性,是否属于同一类别,通常采用更为复杂的分析手段,距离相关分析.

对于两变量相关分析、偏相关分析和距离相关分析,我们可以做如下比喻:在某个妇科产品的广告里,用"你好我也好"来表达用了产品就能健康的相关关系;在朋友交往中,患难见真情帮助人们知道哪个才是真正亲密的朋友;过年走亲戚,用代际血缘的远近来描述不同亲戚之间的亲密程度.

今天我们介绍如何用相互之间距离的远近来进行相关分析.距离相关分析通常不单独使用,分析结果也不会给出显著性值,只是给出个案或变量之间距离的大小,再由研究者自行判断其相似或不相似程度.

二、范例分析

近几年,随着国民经济的发展,汽车也成为平民消费品,从而进入千家万户. 汽车的品牌很多,每种品牌又有各种不同的型号,价格也是千差万别,如何选择一台高性价比的汽车成为很多家庭迫切需要学习的知识.

决定汽车价格的因素很多,有品牌、内饰、发动机、车架材料,等等. 摒弃品牌的因素,编者从网上采集了丰田在国内销售的 9 种车型,并对每种车型的发动机性能,车架尺寸和油耗情况,共 8 个参数信息进行采集和记录(数据如表 9 - 8 所示),并研究这几个汽车参数是否与售价有相关关系.

表 9 - 8

品牌	型号	价格	变速箱	引擎	马力	轴距
丰田	威驰	8.58	无级变速	1.3	99	2 550.0
丰田	卡罗拉	11.78	无极变速	1.6	122	2 700.0
丰田	雷凌	11.98	无级变速	1.7	116	2 700.0
丰田	逸致	15.98	无级变速	1.8	140	2 780.0
丰田	凯美瑞	18.78	手自一体	2.0	167	2 775.0
丰田	锐志	20.98	手自一体	2.3	193	2 850.0
丰田	汉兰达	23.98	手自一体	2.3	220	2 790.0
丰田	皇冠	25.48	手自一体	2.3	193	2 925.0
丰田	普拉多	38.98	手自一体	2.7	163	2 790.0

分析步骤:

(1)选择【分析】-【相关】-【距离】,跳出如下对话框,将引擎排量、马力、轴距、车的长宽高,车重和油耗变量选入对话框;将型号变量选为标注个案;计算距离选择个案间;测量选择非相似性;测量选择 Euclidean 距离,如图 9 - 3 所示

图 9 - 3　距离对话框

(2)点击【确定】,输出结果如表 9 - 9 所示:

结果解读:

表 9 - 9　　　　　　　　　　　近似性矩阵

	近似矩阵								
	Euclidean 距离								
	1:威驰	2:卡罗拉	3:雷凌	4:逸致	5:凯美瑞	6:锐志	7:汉兰达	8:皇冠	9:普拉多
1:威驰	.000	335.939	344.731	430.480	644.885	638.436	936.070	901.222	1145.410
2:卡罗拉	335.939	.000	16.164	279.602	313.928	313.807	643.164	569.451	886.576
3:雷凌	344.731	16.164	.000	274.238	305.537	304.205	632.178	561.419	873.712
4:逸致	430.480	279.602	274.238	.000	441.367	385.014	595.945	652.062	776.406
5:凯美瑞	644.885	313.928	305.537	441.367	.000	139.034	412.173	268.478	691.644
6:锐志	638.436	313.807	304.205	385.014	139.034	.000	428.432	300.915	683.045
7:汉兰达	936.070	643.164	632.178	595.945	412.173	428.432	.000	385.752	310.362
8:皇冠	901.222	569.451	561.419	652.062	268.478	300.915	385.752	.000	640.274
9:普拉多	1145.410	886.576	873.712	776.406	691.644	683.045	310.362	640.274	.000

这是一个不相似性矩阵

从售价信息可以知道,小威驰的价格是最便宜的,我们选中第一列,然后双击表格,右键选择按距离的升序排列,结果如上. 比对我们采集到的价格信息,然后按照价格信息也将 9 种车型进行价格的升序排列,对比两个序列,如图 9 - 4,图 9 - 5 所示:

	1:威驰
1:威驰	.000
2:卡罗拉	335.939
3:雷凌	344.731
4:逸致	430.480
5:凯美瑞	644.885
6:锐志	638.436
7:汉兰达	936.070
8:皇冠	901.222
9:普拉多	1145.410

型号	价格
威驰	8.58
卡罗拉	11.78
雷凌	11.98
逸致	15.98
凯美瑞	18.78
锐志	20.98
汉兰达	23.98
皇冠	25.48
普拉多	38.98

图 9 - 4　车型排序结果图　　　　图 9 - 5　原始数据车型排序

从图 9 - 4,9 - 5 可以发现,车型的排序结果是一致的,从而可以知道,汽车的价格和我们设计的计算距离模型(发动机,油耗,车架尺寸的 10 个参数) 的相关性很强.这种距离相关分析的结果,对客户购车时比较不同车型的性价比很有参考意义.

第四节　低测度数据的相关性分析

如果遇到低测度数据,需要判断它与低测度数据或高测度数据之间的相关性,需要根据数据类型以及数据组合之间的关系来决定分析方法,如图 9 - 6 所示:

方差分析	定类、定序变量与正态分布定距变量	因变量为定距变量或高测度定序变量且符合正态分布,因素变量为定序变量或定类变量	以因素的不同水平进行分组,检查不同分组的差异性,从而反映因素变量与因变量之间的关联性
K 独立样本非参数检验	定类、定序变量与非正态定距变量	因变量为定距变量或高测度定序变量且不符合正态分布,因素变量为定序变量	以因素的不同水平进行分组,检查不同分组的差异性,从而反映因素变量与因变量之间的关联性
交叉表分析	定业与低测度定序变量的相关性分析	低测度的定序变量与定类变量,基于其不同取值的交叉点计算各分组的频数	基于交叉点的频数实施卡方检验,发现不同分组之间频数的差异性,进而反映定类变量的独立性
	定序变量的相关分析	两列低测度的定序变量,基于其不同取值的交叉点计算各分组的频数	基于交叉点的频数实施卡方检验,发现不同分组之间频数的差异性,进而反映变量之间的关联性程度
	定类变量独立性分析	两列定类变量,基于不同取值的交叉点计算各分组的频数	基于交叉点的频数实施卡方检验,发现不同分组之间频数的差异性,进而反映定类变量的独立性

图 9 − 6　数据类型与分析方法示意图

接下来,我们就介绍低测度数据之间相关性分析技术 —— 交叉表分析. 低测度数据之间相关性分析在社会生活中经常遇到,例如,在社会调查中,户籍与生活习惯之间的关系,户籍与爱好之间的关系等,这些都属于低测度数据相关性分析的范畴.

一、交叉表分析

选择菜单【描述统计】-【交叉表格】;再选择【*Statistics*】,对话框如图 9 − 7 所示:

图 9 − 7　交叉表格对话框

对于不同组合的低测度数据类型,用交叉表判断它们的相关性,要用到不同的

统计量:

1. 定类变量的分析

由于定类变量的测度比较低,而且其大小和顺序无实际意义,因此需要用到右图的"名义"区域内的"相关系数""*Phi* 和 *Cramer V*""*Lambda*""不确定性系数".

2. 定序变量的分析

由于定序变量的数值大小有顺序的意义,而且其测度水平通常高于定类变量.常见的分析方法位于"有序"区域内,依次为 *Gamma* 系数、*Somers* 系数、*Kendall* 的 $tau-b$ 系数和 *Kendall* 的 $tau-c$ 系数四类.

3. 定类－定距变量的分析

对于定类变量和定距变量构成的分析,可以使用 *Eta* 关联系数. 另外,如果定距变量的测度较高,还可以根据定距变量是否符合正态分布,以定距变量作为因变量,以定类变量作为因素变量,进行方差分析或者多独立因素的非参数检验. 对于在不同因素水平下,如果定距变量具有显著性差异,那么可以认为定类变量和定距变量之间具有显著相关性.

4. 二分变量

McNemar 相关系数用于检验两个有关联的二分变量之间的相关性分析.

二、范例分析

现在有一份数据文件,记录 880 人参与的关于早餐喜好的民意调查结果,该调查记录了参与者的年龄、性别、婚姻状况、生活方式以及早餐选择. 对不同年龄段与早餐选择进行相关性分析. 如表 9－10 所示:

表 9－10　　　　　　　　　关于早餐喜好的民意调查记录

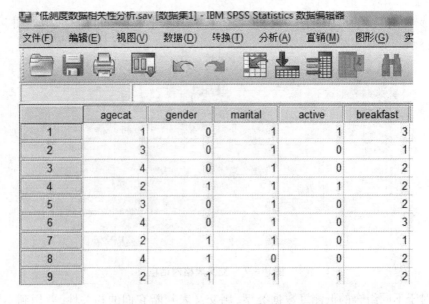

	agecat	gender	marital	active	breakfast
1	1	0	1	1	3
2	3	0	1	0	1
3	4	0	1	0	2
4	2	0	1	1	2
5	3	0	1	0	2
6	4	0	1	0	3
7	2	1	1	0	2
8	4	1	0	0	2
9	2	1	1	1	2

分析思路:

从表9-10可知,已经对年龄进行分段,对早餐选择进行分类,新的年龄分段变量(*agecat*)和早餐分类变量(*breakfast*)属于定类变量,需要用"名义"区域内的系数表示它们之间的相关性.

操作步骤:

(1)选择菜单【分析】-【描述统计】-【交叉表格】;将年龄分段选为行变量,将首选早餐选为列变量;将【显示集群条形图】选中,如图9-8所示.

(2)选择【*Statistics*】,将名义区域内的系数都选中. 如图9-9所示.

(3)点击【继续】,再点击【确定】,进入分析.

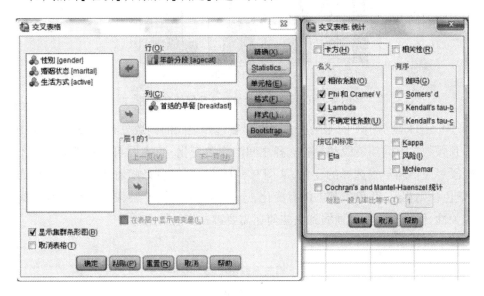

图9-8　交叉表格对话框　　　　图9-9　交叉表格:统计对话框

结果解读:

(1)交叉表结果如表9-11所示及直方图如图9-10所示:

表9-11　　　　　　年龄分段与首选早餐的交叉列表输出结果

年龄分类 ＊ 首选早餐 交叉制表

计数

		首选早餐			合计
		早餐铺	麦片	谷类	
年龄分类	< 31	84	4	93	181
	31 ~ 45	90	24	92	206
	46 ~ 60	39	97	95	231
	> 60	18	185	59	262
合计		231	310	339	880

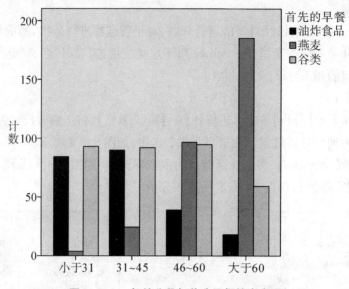

图 9 - 10　年龄分段与首选早餐的直方图

表 9 - 11 显示了不同年龄段和不同早餐选择之间的频数分布,从表 9 - 11 中可以看到频数在不同年龄段和早餐选择之间的频数变化. 直方图可以直观的观察不同年龄段对应不同早餐选择的变化,从图 9 - 10 发现,绿色条随着年龄段的增加而增加,蓝色条则相反,灰色条基本没有变化,这些都说明不同年龄段和早餐选择之间存在相关性,但是相关性的强弱到底如何还需要进一步的数据.

（2）相关系数:

表 9 - 12　　　　　　　　　　　　　**相关系数输出表**

对称度量

		值	近似值 *Sig.*
按标量标定	φ	.593	.000
	Cramer 的 *V*	.419	.000
	相依系数	.510	.000
有效案例中的 *N*		880	

表 9 - 12 显示三个相关系数,都是通过卡方统计量修改而来. 从结果来看,介于 0.4 ～ 0.6 之间,说明不同年龄段和早餐选择之间存在一定的相关性.

（3）相依系数、*lambda* 系数和不确定系数

表 9 - 13　　　　　　　　有方向性的测量输出结果表

方向度量

			值	渐进标准误差[a]	近似值 T^{b}	近似值 *Sig.*
按标量标定	*Lambda*	对称的	.204	.019	9.949	.000
		年龄分类 因变量	.175	.024	6.848	.000
		首选早餐 因变量	.237	.034	6.265	.000
	Goodman 和 *Kruskal tau*	年龄分类 因变量	.121	.011		.000[c]
		首选早餐 因变量	.175	.015		.000[c]
	不定性系数	对称的	.162	.014	11.432	.000[d]
		年龄分类 因变量	.145	.013	11.432	.000[d]
		首选早餐 因变量	.183	.016	11.432	.000[d]

a. 不假定零假设。

b. 使用渐进标准误差假定零假设。

c. 基于卡方近似值

d. 似然比卡方概率。

lambda 系数表示变量之间预测结果的好坏，数值介于 0 ~ 1 之间，从表 9 - 13 可知，年龄段与早餐选择之间的预测结果比较差.

不确定系数是以熵为标准的比例缩减误差，表示一个变量的信息在多大程度上来源于另一个变量. 1 表示程度最高，0 表示程度最低. 从表 9 - 13 可知，这个系数的值也不高.

最终结论：

从相关分析的结果来看，不同年龄段的人对早餐的选择存在差异性，也就是说两个定类变量之间存在一定的相关性，从交叉表、直方图和相关系数可以得到这个结果. 但是它们之间的相依程度不高，从 *lambda* 系数，不确定系数低于 0.2 可以知道，所以它们之间是不能在这些样本的基础上得到准确的回归方程的.

习题九

1. 最近几年，大学毕业生的人数处于高峰，每年都有几百万大学毕业生进入社会. 大学老师总是对学生说先就业再择业，但是这不等于工作时间长了，就能在薪金上超过工作时间短的同行. 大学生一定要在工作中不断地学习和发展，才能形成自己的竞争力，得到自己满意的薪水回报.

现在有一份某知名公司的财务报表，报表包括了 200 位员工的相关数据，要求对

该公司员工的入职时长和当前工资以及受教育年限与当前工资做相关性分析,以此为数据支持,提醒大学生,应该在哪些方面努力.

	员工代码	性别	出生日期	教育水平	当前年薪	起始年薪	入取时长
1	1	2	02/03/1972	15	114,000	54,000	144
2	2	2	05/23/1978	16	80,400	37,500	36
3	3	1	07/26/1979	12	42,900	24,000	381
4	4	1	04/15/1967	8	43,800	26,400	190
5	5	2	02/09/1975	15	90,000	42,000	138
6	6	2	08/22/1978	15	64,200	27,000	67
7	7	2	04/26/1976	15	72,000	37,500	114
8	8	1	05/06/1986	12	43,800	19,500	0
9	9	1	01/23/1966	15	55,800	25,500	115
10	10	1	02/13/1966	12	48,000	27,000	244
11	11	1	02/07/1970	16	60,600	33,000	143
12	12	2	01/11/1986	8	56,700	24,000	26
13	13	2	07/17/1980	15	55,500	28,500	34
14	14	1	02/26/1969	15	70,200	33,600	137
15	15	2	08/29/1982	12	54,600	27,000	66
16	16	2	11/17/1984	12	81,600	30,000	24

2. 一家物流公司的管理人员想研究货物的运输距离和运输时间的关系,为此,他抽出了公司最近10个卡车运货记录的随机样本,得到运送距离(单位:km)和运送时间(单位:天) 的数据如下:

运送距离 x	825	215	1 070	550	480	920	1 350	325	670	1 215
运送时间 y	3.5	1.0	4.0	2.0	1.0	3.0	4.5	1.5	3.0	5.0

要求:

(1) 绘制运送距离和运送时间的散点图,判断二者之间的关系形态:

(2) 计算线性相关系数,说明两个变量之间的关系强度.

(3) 对其相关关系进行显著性检验.

第十章　　线性回归分析

引言:相关分析可以揭示事物之间共同变化的一致性程度,但它仅仅只是反映出了一种相关关系,并没有揭示出变量之间准确的可以运算的控制关系,也就是函数关系,不能解决针对未来的分析与预测问题. 回归分析就是分析变量之间隐藏的内在规律,并建立变量之间函数变化关系的一种分析方法,回归分析的目标就是建立由一个因变量和若干自变量构成的回归方程式,使变量之间的相互控制关系通过这个方程式描述出来. 回归方程式不仅能够解释现在个案内部隐藏的规律,明确每个自变量对因变量的作用程度,而且,基于有效的回归方程,还能形成更有意义的数学方面的预测关系. 因此,回归分析是一种分析因素变量对因变量作用强度的归因分析,它还是预测分析的重要基础.

本章介绍线性回归的基础知识,希望通过应用这部分知识,能够帮助解决实际生活中的一些问题.

第一节　　线性回归分析的基础知识

一、线性回归原理

回归分析就是建立变量的数学模型,建立起衡量数据联系强度的指标,并通过指标检验其符合的程度. 线性回归分析中,如果仅有一个自变量,可以建立一元线性模型. 如果存在多个自变量,则需要建立多元线性回归模型. 线性回归的过程就是把各个自变量和因变量的个案值带入到回归方程式当中,通过逐步迭代与拟合,最终找出回归方程式中的各个系数,构造出一个能够尽可能体现自变量与因变量关系的函数式. 在一元线性回归中,回归方程的确立就是逐步确定唯一自变量的系数和常数,并使方程能够符合绝大多数个案的取值特点. 在多元线性回归中,除了要确定各个自变量的系数和常数外,还要分析方程内的每个自变量是否是真正必需的,把回归方程中的非必需自变量剔除.

二、基本概念

(1) 线性回归方程:一次函数式,用于描述因变量与自变量之间的内在关系. 根据自变量的个数,可以分为一元线性回归方程和多元线性回归方程.

（2）观测值：参与回归分析的因变量的实际取值. 对参与线性回归分析的多个个案来讲，它们在因变量上的取值，就是观测值. 观测值是一个数据序列，也就是线性回归分析过程中的因变量.

（3）回归值：把每个个案的自变量取值带入回归方程后，通过计算所获得的数值. 在回归分析中，针对每个个案，都能获得一个回归值. 因此，回归值也是一个数据序列，回归值的数量与个案数相同. 在线性回归分析中，回归值也常常被称为预测值，或者期望值.

（4）残差：残差是观测值与回归值的差. 残差反映的是依据回归方程所获得的计算值与实际测量值的差距. 在线性回归中，残差应该满足正态分布，而且全体个案的残差之和为 0.

三、回归效果评价

在回归分析的评价中，通常使用全部残差的平方之和表示残差的量度，而以全体回归值的平方之和表示回归的量度. 通常有以下几个评价指标：

1. 判定系数

为了能够比较客观地评价回归方程的质量，引入判定系数 R 方的概念：

$$R^2 = \frac{SSR}{SST} \qquad (10-1)$$

其中 SSR 表示由于 x 的变化引起的 y 取值变差，称为回归平方和；SST 表示除 x 以外其他因素引起 y 取值变差，称为残差平方和.

判定系数 R 方的值在 0～1 之间，其值越接近 1，表示残差的比例越低，即回归方程的拟合程度越高，回归值越能贴近观测值，更能体现观测数据的内在规律. 在一般的应用中，R 方大于 0.6 就表示回归方程有较好的质量.

2. F 值

F 值是回归分析中反映回归效果的重要指标，它以回归均方和与残差均方和的比值表示，即 F = 回归均方和／残差均方和，在一般的线性回归中，F 值应该在 3.86 以上.

3. T 值

T 值是回归分析中反映每个自变量的作用力的重要指标. 在回归分析时，每个自变量都有自己的 T 值，T 值以相应自变量的偏回归系数与其标准误差的比值来表示. 在一般的线性回归分析中，T 的绝对值应该大于 1.96. 如果某个自变量的 T 值小于 1.96，表示这个自变量对方程的影响力很小，应该尽可能把它从方程中剔除.

4. 检验概率（Sig 值）

回归方程的检验概率值共有两种类型：整体 Sig 值和针对每个自变量的 Sig 值. 整体的 Sig 值反映了整个方程的影响力，而针对自变量的 Sig 值则反映了该自变量在回归方程中没有作用的可能性. 只有 Sig 值小于 0.05，才表示有影响力.

第二节　　线性回归分析的应用

一、一元线性回归分析

现在有一份《大学生学习状况》的数据如表 10 - 1 所示,请分析作业情况与数学成绩之间的关系,构造回归方程,并评价回归分析的效果.

表 10 - 1　　　　　　　　　　大学生学习状况数据表

学号	姓名	性别	专业	zy	籍贯	爱好	ah	上网时间	游戏时间	作业情况	数学成绩
201601	纪海燕	女	生物工程	1	广东	科学	1	41	28.70	8	87.00
201602	李军	男	计算机	2	江西	文学	2	69	48.30	4	65.00
201603	明汉琴	女	应用化学	3	湖南	艺术	3	85	59.50	2	59.00
201604	沈亚杰	男	文学	4	浙江	科学	1	84	58.80	4	61.00
201605	时扬	男	经济学	5	山西	文学	2	57	39.90	4	70.00
201606	汤丽丽	女	英语	6	陕西	艺术	3	31	21.70	8	94.00
201607	王丹	女	生物工程	1	广东	科学	1	95	66.50	2	52.00
201608	吴凤祥	男	计算机	2	江西	文学	2	89	62.30	2	57.00
201609	肖丽丽	女	应用化学	3	湖南	艺术	3	53	37.10	6	76.00
201610	徐丽云	女	文学	4	浙江	科学	1	71	49.70	4	63.00
201611	颜刚	男	经济学	5	山西	文学	2	48	33.60	6	78.00

通过 SPSS 软件操作

(1) 选择菜单【分析】-【回归】-【线性】命令,启动线性回归命令.

(2) 将数学成绩选为因变量,将作业情况选为自变量如图 10 - 1 所示,点击【确定】.

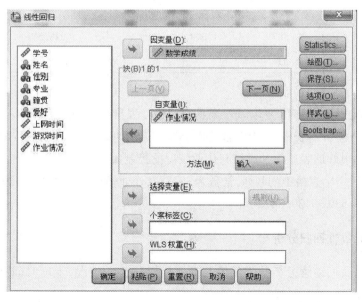

图 10 - 1　　线性回归对话框

得到如下表 10 - 2,并对其进行解释.

表 10 - 2　　　　　　　　一元线性回归分析输出结果表

输入／移去的变量[a]

模型	输入的变量	移去的变量	方法
1	作业情况[b]	.	输入

a.因变量:数学成绩

b.已输入所有请求的变量.

模型汇总

模型	R	R 方	调整 R 方	标准 估计的误差
1	.959[a]	.919	.918	4.22262

a.预测变量:(常量),作业情况.

Anova[a]

模型		平方和	df	均方	F	Sig.
1	回归	11788.813	1	11788.813	661.159	.000[b]
	残差	1034.171	58	17.831		
	总计	12822.983	59			

a.因变量:数学成绩

b.预测变量:(常量),作业情况.

系数[a]

模型		非标准化系数		标准系数	t	Sig.
		B	标准 误差	试用版		
1	(常量)	39.887	1.399		28.511	.000
	作业情况	6.539	.254	.959	25.713	.000

a.因变量:数学成绩.

(1)判定系数 R 方值为 0.919,表示此回归方程具有很好的质量.

(2)在方差分析表格中,显著性为 0.000,小于 0.05,表示回归方程具有很强的影响力,能够很好地表达数学成绩与作业情况的控制关系.

(3)最后一个表格中的 B 列,常数为 39.887,作业情况的系数为 6.539,所以回归方程为 $y = 6.539x + 39.887$.

二、多元线性回归分析

接下来,我们继续分析数学成绩与专业、爱好、作业情况、上网时间和游戏时间之间的关系.

（1）字符型数据数值化编码,将爱好和专业进行数值化编码.

（2）选择菜单【分析】–【回归】–【线性】命令.

（3）将数学成绩选入因变量,将数值化后的爱好、专业以及上网时间、游戏时间、作业情况选为自变量.

（4）在自变量下的选项框中选择【逐步】,如图 10 – 2 所示:

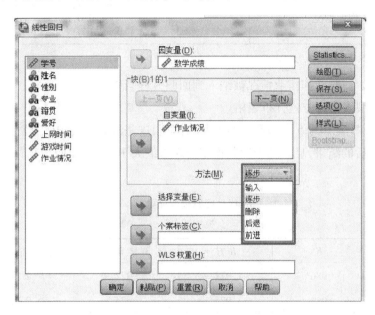

图 10 – 2　线性回归对话框

红框内选项含义:

（1）输入:对于用户提供的所有自变量,回归方程全部接纳.

（2）逐步:先检查不在方程中的自变量,把 F 值最大（检验概率最小）且满足进入条件的自变量选入方程中,接着,对已经进入方程的自变量,查找满足移出条件的自变量（F 值最小且 F 检验概率满足移出条件）将其移出.

（3）前进:对于用户提供的所有自变量,系统计算出所有自变量与因变量的相关系数,每次从尚未进入方程的自变量组中选择与因变量具有最强正或负相关系数的自变量进入方程,然后检验此自变量的影响力,直到没有进入方程的自变量都不满足进入方程的标准为止.

（4）后退:对于用户提供的所有自变量,先让它们全部强行进入方程,再逐个检查,剔除不合格变量,直到方程中的所有变量都不满足移出条件为止.

（5）删除:也叫一次性剔除方式,其思路是通过一次检验,而后剔除全部不合格变量. 这种方法不能单独使用,通常建立在前面已经构造出初步的回归方程的基础上,与前面其他筛选方法结合使用.

结果表及其解释:

（1）表 10 – 3 是输入／移去变量表格.

表 10 - 3   **输入／移去变量表**

模型	输入的变量	移去的变量	方法
1	游戏时间	.	步进（准则：$F - to - enter$ 的概率 $< = .050$，$F - to - remove$ 的概率 $> = .100$）。
2	作业情况	.	步进（准则：$F - to - enter$ 的概率 $< = .050$，$F - to - remove$ 的概率 $> = .100$）。

a.因变量：数学成绩.

即最后游戏时间和作业情况被纳入到回归方程当中.

（2）模型表格和方差分析表格

表 10 - 4，表 10 - 5 表明产生两个回归模型，这是游戏时间和作业情况依次进入回归过程之后的结果，且第二个回归模型的 R 方值大于第一个，所以第二个回归方程比较好.

表 10 - 4   **线性回归模型摘要**

模型汇总

模型	R	R 方	调整 R 方	标准 估计的误差
1	$.986^a$	.972	.972	2.48878
2	$.987^b$	.975	.974	2.38904

a.预测变量：（常量），游戏时间.

b.预测变量：（常量），游戏时间，作业情况.

表 10 - 5   **因变量分析**

Anova^a

	模型	平方和	df	均方	F	Sig.
1	回归	12463.731	1	12463.731	2012.225	$.000^b$
	残差	359.252	58	6.194		
	总计	12822.983	59			
2	回归	12497.656	2	6248.828	1094.845	$.000^c$
	残差	325.327	57	5.707		
	总计	12822.983	59			

a.因变量：数学成绩.

b.预测变量：（常量），游戏时间.

c.预测变量：（常量），游戏时间，作业情况.

（3）系数表格

表 10 - 6

线性回归系数表

系数^a

模型		非标准化系数		标准系数	t	$Sig.$
		B	标准 误差	试用版		
1	（常量）	110.358	.892		123.679	.000
	游戏时间	−.898	.020	−.986	−44.858	.000
2	（常量）	97.729	5.250		18.614	.000
	游戏时间	−.743	.067	−.815	−11.144	.000
	作业情况	1.216	.499	.178	2.438	.018

$a.$因变量: 数学成绩

由表 10 - 6 可知采用第二个回归模型是

$$y = -0.743 \times x_1 + 1.216 \times x_2 + 97.729,$$

其中 x_1 代表游戏时间，x_2 代表作业情况.

习题十

1. 下面是 7 个地区 2000 年的人均地区生产总值和人均消费水平的统计数据：

地区	人均地区生产总值（元）	人均消费水平（元）
北京	22 460	7 326
辽宁	11 226	4 490
上海	34 547	11 546
江西	4 851	2 396
河南	5 444	2 208
贵州	2 662	1 608
陕西	4 549	2 035

要求：

（1）人均地区生产总值作自变量，人均消费水平作因变量，绘制散点图，并说明二者之间的关系形态.

（2）计算两个变量之间的线性相关系数，说明两个变量之间的关系强度.

（3）利用最小二乘法求出估计的回归方程，并解释回归系数的实际意义.

（4）计算判定系数，并解释其意义.

（5）检验回归方程线性关系的显著性（$a = 0.05$）.

（6）如果某地区的人均地区生产总值为 5 000 元，预测其人均消费水平.

2. 某汽车生产商欲了解广告费用(x)对销售量(y)的影响,收集了过去 12 年的有关数据. 通过计算得到下面的有关结果:

方差分析表

变差来源	df	SS	MS	F	$Significance F$
回归					2.17E—09
残差		40 158.07		—	
总计	11	1 642 866.67	—	—	—

参数估计表

	$Coefficients$	标准误差	$tStat$	$P—value$
$Intercept$	363.689 1	62.455 29	5.823 191	0.000 168
$XVariable1$	1.420 211	0.071 091	19.977 49	2.17E—09

要求:

(1) 完成上面的方差分析表.

(2) 汽车销售量的变差中有多少是由于广告费用的变动引起的?

(3) 销售量与广告费用之间的相关系数是多少?

(4) 写出估计的回归方程并解释回归系数的实际意义.

(5) 检验线性关系的显著性($a = 0.05$).

3. 一家电器销售公司的管理人员认为,每月的销售额是广告费用的函数,并想通过广告费用对月销售额做出估计. 下面是近 8 个月的销售额与广告费用数据:

月销售收入 y(万元)	电视广告费用工:x_1(万元)	报纸广告费用 x_2(万元)
96	5.0	1.5
90	2.0	2.0
95	4.0	1.5
92	2.5	2.5
95	3.0	3.3
94	3.5	2.3
94	2.5	4.2
94	3.0	2.5

要求:

(1) 用电视广告费用作自变量,月销售额作因变量,建立估计的回归方程.

(2) 用电视广告费用和报纸广告费用作自变量,月销售额作因变量,建立估计的回归方程.

(3) 上述(1)和(2)所建立的估计方程,电视广告费用的系数是否相同? 对其回归系数分别进行解释.

（4）根据问题(2)所建立的估计方程,在销售收入的总变差中,被估计的回归方程所解释的比例是多少?

（5）根据问题(2)所建立的估计方程,检验回归系数是否显著($a = 0.05$).

参考文献

[1]北京大学数学系几何与代数教研室前代数小组.高等代数[M].3 版.北京:高等教育出版社,2003:7.

[2]吴赣昌.线性代数(简明版)[M].北京:中国人民大学出版社,2006.

[3]Christopher Clapham,Oxford Concise Dictionary of Mathematics:Second edition [M].Oxford:Oxford University Press,1996.

[4]喻秉钧,周厚隆.线性代数[M].北京:高等教育出版社,2011.

[5]胡显佑. 线性代数[M].北京:中国商业出版社,2006.

[6]黄廷祝,成孝予. 线性代数与空间解析几何[M].2 版.北京:高等教育出版社,2003.

[7]赵萍. 经济数学基础及其应用[M].哈尔滨:哈尔滨工业大学出版社,2006.

[8]万世栋.王娅.经济应用数学[M].北京:科学出版社,2002.

[9]柴俊,丁大公,陈咸平.高等数学:下册[M].北京:科学出版社,2007.

[10]田秋野,侯明华.高等数学:经济管理类[M].北京:北京大学出版社,2004.

[11]刘金舜,羿旭明.高等数学:下册[M].武汉:武汉大学出版社,2005.

[12]高鸿业.西方经济学(宏观部分)[M].北京:中国人民大学出版社,2010.

[13]舒元.现代经济增长模型[M].上海.复旦大学出版社,1999.

[14]孟生旺.金融数学[M].4 版.北京.中国人民大学出版社,2014.

[15]孟生旺.利息理论及其应用:[M].2 版.北京.中国人民大学出版社,2014.

[16]薛薇. 统计分析与 spss 的应用[M].3 版.北京:中国人民大学出版社,2011.

[17]何晓群. 多元统计分析:[M].3 版.北京:中国人民大学出版社,2011.

[18]方开泰.实用 多元统计分析[M].上海:华东师范大学出版社,1989.

[19]王国梁,何晓群. 多变量经济数据统计分析[M].西安:陕西科学出版社,1993.

[20]贾俊平,何晓群,金勇进. 统计学[M].6 版.北京:中国人民大学出版社,2015.